星载 SAR 无控高精度处理

张 过 著

科学出版社

北京

内 容 简 介

从 2005 年开始，在多个科研项目支持下，针对我国 SAR 卫星预处理、处理中存在的核心问题展开研究，突破了 SAR 卫星几何定位模型与误差改正、在轨几何定标、立体交会、区域网平差和 InSARDEM 和 InSAR 沉降等方面的一批关键技术，开发相关处理软件并推广应用，形成了一套高分 SAR 卫星无控高精度处理理论方法以及配套软件，在多颗国产卫星数据处理与应用中心业务化应用。本书主要内容包括两部分。第一部分简要介绍国内外高分 SAR 卫星的发展现状与存在的问题，描述与定义高精度处理与应用的相关基本概念，给出适用于高分 SAR 卫星的几何定位模型，梳理成像链路中影响几何定位精度的各项误差源，并对误差特性进行推导分析。第二部分重点介绍 SAR 卫星高精度处理的几个核心技术，包括在轨几何定标、立体交会、区域网平差、干涉 DEM、干涉沉降等，主要从国内外研究进展、问题原因、理论方法、误差模型、算法流程、试验验证为主线进行论述。

本书可供测绘、国土、航天、规划、农业、林业、资源环境、遥感、地理信息系统等空间地理信息相关行业的生产技术人员和科研工作者参考。

图书在版编目(CIP)数据

星载 SAR 无控高精度处理/张过著. —北京：科学出版社，2018.11

ISBN 978-7-03-059337-5

I. ①星…　II. ①张…　III. ①卫星图象－图象处理－研究　IV. ①TP75

中国版本图书馆 CIP 数据核字（2018）第 250761 号

责任编辑：杨光华 / 责任校对：谌　莉
责任印制：彭　超 / 封面设计：苏　波

科学出版社 出版

北京东黄城根北街 16 号
邮政编码：100717
http://www.sciencep.com

武汉精一佳印刷有限公司印刷

科学出版社发行　各地新华书店经销

*

2018 年 11 月第 一 版　　开本：787×1092　1/16
2018 年 11 月第一次印刷　　印张：10
字数：238 000

定价：120.00 元

（如有印装质量问题，我社负责调换）

前　言

提升国产 SAR 卫星几何质量，保障国产卫星数据应用效果，是真正解决国内遥感数据自主化的关键。自 1999 年发射中巴地球资源卫星（China & Brazil Earth Resource Satellite，CBERS-01）后，我国陆续设计并发射了系列高分辨率 SAR 遥感卫星，使得我国可以快速获取全球范围的高分辨率 SAR 影像。

从 2005 年起，针对国产高分 SAR 卫星图像数据几何精度低这一问题开展了相关研究，在多个项目的支持下，在高精度处理方面取得了初步进展。①从星载 SAR 卫星几何定位误差分析入手，推导传感器误差、SAR 天线相位中心位置和速度误差、多普勒误差、"停走"假设误差、大气传播延迟误差对几何定位的影响模型体系；②创建国产 SAR 卫星的高精度在轨几何定标方法集，实现国产 SAR 卫星在轨几何定标突破，支持我国遥感卫星、资源卫星的高精度几何定标；③提出采用平面区域网平差消除景景图像之间定位的不一致性、提出基于随机观测的色彩一致性处理方法消除景景图像质检的辐射不一致性；④提出在 InSAR 配准中计算并消除配准单元内部的非平移分量，使配准单元在只存在偏移关系的情况下准确计算偏移量的顾及相对变形大和失相干严重的配准方法，提出一种改进的小波域多尺度 InSAR 相位噪声滤波方法。

为了加强与各位同仁交流，促进本人以及团队在 SAR 卫星图像精处理方向的创新发展，我将多年来在 SAR 卫星高精度处理方向的研究成果进行归纳总结，以几何定位模型与误差改正、在轨几何定标、立体交会、区域网平差和 InSARDEM 和 InSAR 沉降等方面的发展现状、问题原因、理论方法、误差模型、算法流程、试验验证、应用情况为章节主线，形成本书的主体内容。希望本书能对丰富 SAR 卫星高精度处理技术体系，促进航天摄影测量学发展起到积极的促进作用。

在十多年研究过程中，得到多项课题的资助，在此对这些课题资助单位的领导与管理人员表示感谢。同时也要对完成课题研究合作单位的相关研究伙伴一并致谢，感谢他们对本人研究中无私的关怀、鼓励与奉献。

感谢研究团队人员汪韬阳、赵瑞山、邓明军、陈振炜、郑玉芝、崔浩等的文字编辑工作和在相关试验工作中做出的努力。

由于卫星信息精处理方向发展迅速，而本人的水平有限，在本书中还存在许多不足之处，敬请各位同仁批评指正，本人深表感谢！

作　者

2018 年 9 月于武汉

目　　录

第1章 绪 论

本章简要介绍国内外高分 SAR 卫星的发展现状与趋势,指出几何质量是目前影响我国高分 SAR 遥感卫星的应用效果的重要问题之一,描述与定义与高精度几何处理与应用的相关基本概念,介绍影像处理常用的相关坐标系的定义及转换模型。

1.1 引 言

合成孔径雷达(synthetic aperture radar,SAR)因其不受天气条件限制能够穿透地表进行大面积、远距离的观测,并具有高分辨率、高定位精度的特点,备受地球科学以及相关领域研究人员的重视,近年来得到了迅速蓬勃的发展。

美国宇航局(National Aeronautics and Space Administration,NASA)喷气推进实验室(Jet Propulsion Laboratory,JPL)于 1978 年 6 月 28 日发射了第一颗合成孔径雷达卫星 SEASAT(L 波段,HH 极化)。1981 年和 1984 年喷气推进实验室利用航天飞机成功地发射了 SIR-A(L 波段,HH 极化)和 SIR-B(L 波段,HH 极化,可变视角)卫星。在 1991 年到 1995 年期间,相继有 ERS-l(European Remote Sensing Satellite)(欧洲空间局)JERS-l(Japanese Earth Resouce Satellite)(日本)、SIR-C(Shuttle Imaging Radar C)(美国)、RADARSAT-1(加拿大)和 ERS-2(欧洲空间局)、LightSAR(Light Synthetic Aperture Radar)(美国),ALOS-1(Advanced Land Observing Satellite)(日本)、ENVISAT ASAR(Environmental Satellite)(欧洲空间局)等雷达卫星发射成功,为星载 SAR 技术研究提供了数据保证。

近年来,许多国家和组织又先后研发了新一代的 SAR 卫星。比较具有代表性的 SAR 卫星如下。

(1)德国 TerraSAR-X 卫星,由 DIDI(DLR)和 EADS Astrium 负责,TerraSAR-X 于 2007 年 6 月 15 日发射,2018 年 1 月开始提供服务;其姊妹星 TanDEM-X,于 2010 年 6 月 21 日发射,和 TerraSAR-X 一起获取数据制作全球 DEM,其 DEM 产品从 2014 年开始提供服务。其主要特性为[①]:①分辨率优于 1 m;②高辐射质量;③高几何精度;④快速重访能力等。

(2)加拿大 RADARSAT-2 卫星,由加拿大空间局(Canadian Space Agency)研制,于 2007 年 12 月 14 日发射,它继承了 RADARSAT-1 的优点,具有 12 种成像模式,尤其具有全极化能力和超宽幅模式[②]。

(3)意大利 COSMO-SkyMed 卫星,由四颗星组成,分别发射于 2007 年 6 月 8 日、2007

---

①引自:https://en.wikipedia.org/wiki/TerraSAR-X
②引自:https://en.wikipedia.org/wiki/Radarsat-2

年 10 月 9 日、2008 年 10 月 25 日和 2010 年 11 月 5 日,其主要特性为[①]:①分辨率优于 1 m;②高几何精度;③快速重访能力等。

(4)欧空局 Sentinel-1 卫星,于 2014 年 4 月 3 日发射,Sentinel-1B 于 2016 年 4 月 25 日发射,其充分继承 ENVISAT ASAR 模式。

(5)日本 ALOS-2 卫星,于 2014 年 5 月 24 日发射,它是唯一的 L 波段 SAR 卫星,其主要特性为[②]:①分辨率优于 1 m;②L 波段。

表 1.1 列出了国外部分高分辨率 SAR 卫星以及主要参数。

表 1.1　国外典型高分辨率 SAR 卫星以及主要参数

SAR 系统	国家/组织	发射时间	波段	极化方式	分辨率/m	定位精度/m
Lacrosse	美国	1988/1991/1997/2000/2005	X/L	双极化	0.3～3	—
JERS-1	日本	1992	L	单极化	18	111
ERS-1/2	欧洲空间局	1991/1995	C	单极化	30	—
Radarsat-1	加拿大	1995	C	单极化	8～100	0～550
Cassini	美国	1997	Ku	单极化	600～2 100	—
SRTM	美国	2000	C/X	多极化	30/90	20(H)/16(V)
ENVISAT-1	欧洲空间局	2002	C	多极化	30/150	—
LightSAR	美国	2002	L	多极化	3～100	—
ALOS-PALSAR	日本	2006	L	多极化	7～100	—
RADARSAT-2	加拿大	2007	C	多极化	1～100	10～20
COSMO-SkyMed	意大利	2007/2007/2008/2010	X	多极化	1～100	15
TerraSAR-X/TanDEM-X	德国	2007/2010	X	多极化	1～16	2
ALOS-2	日本	2014	L	多极化	1～100	—
Sentinel-1	欧洲空间局	2014	C	双极化	5～40	8

我国自 20 世纪 70 年代就已经开展 SAR 对地观测技术研究,从 2006～2015 年,由上海航天技术研究院制造的 8 颗遥感系列卫星陆续成功发射,地面分辨率均优于 5 m,主要用于开展科学试验、国土资源普查、农作物估产和防灾减灾等领域。2012 年 11 月 19 日,HJ-1C 卫星发射入轨,它是中国第一颗 S 波段的太阳同步轨道 SAR 卫星,其搭载的雷达系统具有条带和扫描两种工作模式,成像带宽度分别为 40 km 和 100 km,空间分辨率最高可达 5 m[③]。2006 年我国政府将高分专项列入《国家中长期科学与技术发展规划纲要(2006～2020 年)》,并于 2010 年 5 月经国务院批准启动实施。在高分专项的推动下,我国高分光学卫星快速发展。2016 年 8 月 10 日,我国第一颗分辨率优于 1 m 的 C 频段多极化 SAR 卫星高分三号(GF-3)发射入轨,具有 12 种成像模式,是目前世界上成像模式最多的一颗 SAR 卫星[④],标志着我国民用 SAR 遥感卫星跨入亚米时代,国内迎来了高分 SAR 卫星发展的高潮。

① 引自: https://en.wikipedia.org/wiki/COSMO-SkyMed
② 引自: https://en.wikipedia.org/wiki/ALOS-2
③ 引自: 赵良玉.环境一号卫星. http://baike.baidu.com/item/环境一号卫星.
④ 引自: 刘淼.高分专项工程高分三号卫星成功发射. http://www.gov.cn/xinwen/2016-08/10/ content_5098702.htm

随着在轨 SAR 卫星数量的增多，我国具备了快速获取全球区域高分辨率 SAR 影像的能力。但与强大的数据获取能力相矛盾的是，多数国产卫星影像数据没有得到充分的利用，造成大量的卫星数据浪费。究其原因，国产 SAR 卫星影像的几何质量问题是影响其应用效果的重要因素之一。表 1.2 是我国高分三号卫星几何精度验证结果（Wang et al.，2017；张庆君，2017），多模式无控定位精度均在 50 m 左右。

表 1.2　高分三号无控精度验证结果

成像模式	影像编号	方位向/像素	距离向/像素	平面	
				/像素	/m
精细条带 1	NM-0111-1	12.339	10.523	16.217	41.974
	NM-0111-2	8.261	10.533	13.386	33.163
全极化条带 1	AP-0306	5.055	4.938	7.067	33.662
	NM-0401	8.969	9.360	12.963	51.135
	NM-0524-1	9.169	9.062	12.892	54.730
	NM-0524-2	9.215	9.237	13.048	55.113
	NM-0524-3	9.011	8.836	12.620	53.723
	NM-0610-1	8.589	9.397	12.731	52.030
	NM-0610-2	8.351	9.199	12.424	50.645

随着遥感影像分辨率及辐射质量的提高，我国逐渐解决了卫星"看不清"的问题，但伴随着遥感应用研究的逐步深入，"测不准"的问题却日益凸显。国民经济的发展与国防建设的需要，对我国高分 SAR 卫星的定位精度提出了较高的要求，而当前大多数的卫星影像数据难以满足要求。目前，如何提高 SAR 卫星图像数据的定位精度，是急需解决的一个技术问题，地面高精度的处理方法就是一个非常重要的环节。

1.2　基　本　概　念

本节主要介绍几个与星载 SAR 卫星影像处理相关的概念。

1.2.1　SAR 成像

合成孔径雷达是侧视成像雷达，其运用合成孔径、脉冲压缩等技术，获得方位向和距离向雷达图像。通过发射大的时间带宽积的线性调频信号来实现距离向高分辨率，利用雷达天线和目标之间的相对运动产生的多普勒效应实现方位向高分辨率，通过成像处理可获得面场景的二维雷达图像，主要包含距离压缩处理和方位压缩处理两个部分，常见的成像算法包含距离多普勒算法，二次距离压缩算法，Chip Scaling 算法，波束域算法（w-k）和谱分析算法等。

1.2.2　方位向分辨率与距离向分辨率

方位向分辨率是指雷达能够区分的不同方位同一距离的两个目标能力；距离向分辨率是指雷达能够区分的同一方位不同距离的两个目标能力。

1.2.3　几何定位模型

所谓几何定位模型，指的是地物点的影像坐标 (x, y) 和地面坐标 (X, Y, Z) 之间的数学关系。由于卫星的轨道运动、有效载荷的扫描运动和地球自转，遥感图像定位是空间几何和时序的结合。

1.2.4　区域网平差

区域网平差是以影像为基本平差单元，根据控制点内外业坐标相等、加密点的内业坐标相等，按照几何定标模型列出误差方程，在全测区统一进行平差处理，求解测区内所有影像的定向参数和加密点的三维坐标。

1.3　相关坐标系定义及转换

SAR 卫星几何定位涉及的坐标系主要包括：影像坐标系，地心惯性坐标系及地固坐标系。

1.3.1　影像坐标系

影像坐标系以影像的左上角点为原点，以影像的列方向为 Y 轴方向（也称方位向），以影像的行方向为 X 轴方向（也称距离向），见图 1.1，其大小由像素点的行列号确定。

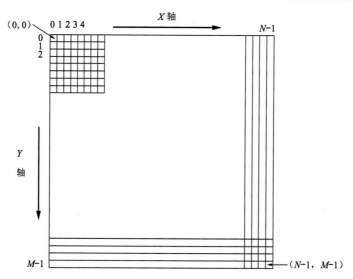

图 1.1　图像坐标系示意图

1.3.2 地心惯性坐标系

地心惯性坐标系以地球质心为原点,由原点指向北天极为 Z 轴,原点指向春分点为 X 轴,Y 轴由右手坐标系规则确定(图 1.2)。由于岁差章动等因素的影响,地心惯性坐标系的坐标轴指向会发生变化,给相关研究带来不便。为此,国际组织选择某历元下的平春分、平赤道建立协议惯性坐标系。遥感几何定位中通常使用的是 J2000.0 历元下的平天球坐标系,称为 J2000 坐标系。

假定 t 时刻卫星在 J2000 坐标系下的位置矢量为 $\boldsymbol{p}(t)=\begin{bmatrix} X_s & Y_s & Z_s \end{bmatrix}^{\mathrm{T}}$,速度矢量为 $\boldsymbol{v}(t)=\begin{bmatrix} V_x & V_y & V_z \end{bmatrix}$,则 t 时刻轨道坐标系与 J2000 坐标系的转换矩阵(USGS,2013)为

$$\boldsymbol{R}_{\text{orbit}}^{\text{J2000}} = \begin{bmatrix} a_X & b_X & c_X \\ a_Y & b_Y & c_Y \\ a_Z & b_Z & c_Z \end{bmatrix}, \quad c = -\frac{\boldsymbol{p}(t)}{\|\boldsymbol{p}(t)\|}, \quad b = \frac{c \times \boldsymbol{v}(t)}{\|c \times \boldsymbol{v}(t)\|}, \quad a = b \times c \tag{1.1}$$

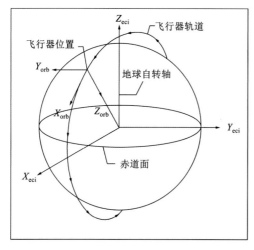

图 1.2 地心惯性坐标系示意图(USGS,2013)

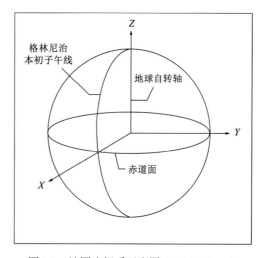

图 1.3 地固坐标系示意图(USGS,2013)

1.3.3 地固坐标系

地固坐标系与地球固联,用以描述地面物体在地球上的位置(图 1.3)。其原点位于地球质心,以地球自转轴为 Z 轴,由原点指向格林尼治子午线与赤道面交点为 X 轴,Y 轴由右手坐标系规则确定。

由于受到地球内部质量不均匀等因素的影响,地球自转轴相对于地球体产生运动,从而导致地固坐标系轴向变化。国际组织通过协议地极建立了协议地球坐标系(USGS,2013)。

李广宇(2010)详细介绍了地心惯性坐标系及地固坐标系的两种转换方式:经典的基于春分点的转换方式及基于天球中间零点的转换方式。图 1.4 以基于春分点的转换方式为例给出了转换流程。

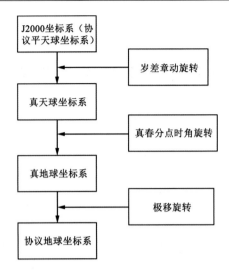

图 1.4　地心惯性坐标系与地固坐标系转换示意图（李广宇，2010）

目前遥感影像几何处理中通常选用 WGS84 椭球框架下的协议地固坐标系，因此，本书将其简称为 WGS84 坐标系。

第 2 章　星载 SAR 几何定位模型与误差分析

本章简要介绍星载 SAR 卫星几何定位模型的研究现状,提出了星载 SAR 卫星的几何定位模型,梳理成像链路中影响几何定位精度的各项误差源,并对误差特性进行推导分析。

2.1　几何定位模型研究进展

几何定位模型建立了地面目标点的三维空间坐标与相应像点的像平面二维坐标之间的数学关系,是几何处理的基础。从模型构建形式的角度,几何定位模型通常可分为:严密几何模型和通用几何模型。

2.1.1　严密几何模型进展

星载 SAR 的严密几何模型根据 SAR 距离多普勒原理,包含距离方程和多普勒方程,具有严密的物理意义。Brown(1981)最早利用星载 SAR 数据的距离和多普勒参数以及卫星星历数据对地面目标的三维坐标进行解算,提出了距离多普勒(range doppler,RD)定位模型。Curlander(1982)在 Brown 的基础上提出了三个基本方程式,发展了 RD 定位模型,但并未给出具体的 RD 定位模型解算方法。后期一直没有关于 RD 定位模型解算方法的文献报道。直到 1992 年,Wivell 等(1992)提出了 RD 定位模型的解算方法。随后,美国阿拉斯加卫星设备地球物理研究所(Alaska SAR Facility,ASF)在其网站上提出了一种 RD 定位模型的迭代求解方法(即 ASF 算法)。

针对 RD 定位模型解算方法,我国专家学者也开展了一些研究工作。袁孝康(2002,2000,1998a,1997)利用卫星星历表和雷达回波的距离多普勒参数,基于 RD 模型推导了目标定位的解析求解算法,不需要在星载 SAR 的视场中使用已知的参考点,并且与卫星姿态无关;周金萍等(2001)将 ASF 算法引入国内,陈尔学(2004)发展了 ASF 数值解法,提出了分析法与迭代法相结合的直接定位算法(analysis and iterating routes based geolocation method,AIRGM);张永红等利用 RD 定位模型的最小二乘解算方法,用于星载 SAR 的几何校正与正射校正(张永红 等,2002;张永红,2001);杨杰(2004)基于数字高程模型(digital elevation model,DEM)研究了 RD 定位模型的求解方法,有效提升了几何定位精度;傅文学等(2008)将目标点大地高归算至地球赤道半径对 RD 模型中的地球椭球方程进行修正,提升了高纬度和高海波地区的定位精度;魏钜杰等(2011,2009)通过线性化及最小二乘平差原理迭代求解 RD 定位模型,并基于 AIRGM 算法和低分辨率 DEM 提出了一种由粗到精的 SAR 影像直接地理定位方法;刘佳音等(2012)利用一元四次方程求根方法,推导出 RD 定位模型的明确数学解析解。

另外,国际上 SEASAT、SIR-C/X、JERS、RADARSAT-1/2、ERS-1/2、ENVISAT ASAR 等都利用 RD 模型进行地理定位,星载 SAR 的几何定位模型采用 RD 模型是主流。

2.1.2　通用几何模型进展

通用几何模型中常见的为有理多项式系数（rational polynomial coefficients，RPC）模型。RPC 模型适用于不同类型的传感器，无须了解传感器的成像过程和系统特性等参数，相比严密几何模型（RD 模型）而言，它可以便于快速进行摄影测量处理，而且应用上无须考虑新型传感器部分参数的改变，使用方便。

如今，RPC 模型已广泛应用于光学卫星遥感数据处理（唐新明 等，2012），但其在 SAR 数据中的应用较少。RADARSAT-2 在星载 SAR 影像中首次提供 RPC 参数（张过 等，2015），是 RPC 模型所对应的参数，这无疑将 RPC 模型在星载光学影像中的应用扩展到了 SAR 领域。同样的，RPC 模型自身的特性，与 SAR 数据的用户不希望了解复杂的卫星参数的现实情况以及 SAR 商业软件的实时计算的要求相适应。研究 RPC 模型在 SAR 各级产品中的应用将简化 SAR 处理的软件模块的开发（不需要为不同的传感器数据建立不同的处理模块）。目前，很多在轨运行的光学遥感卫星均提供 RPC 模型的参数文件（如 IKONOS、QuickBird、资源三号等），大大方便了用户的使用；研究 RPC 模型在 SAR 数据处理中的应用，有益于促进 SAR 产品的广泛应用。同时，RPC 模型在高分辨率星载 SAR 处理中的应用正逐渐引起国内外学者的兴趣。

目前，已有专家学者在 RPC 模型替代星载 SAR 影像的严密成像几何模型方面进行了相关研究和分析。张过等（2010a，2010b，2008）采用高分辨率的 TerraSAR-X 和 COSMO-SkyMed 卫星对比了推扫式卫星影像与 SAR 影像成像的几何特征，由像点位移的理论出发指出距离投影能够以一定的方式转换成中心投影，对比了光学影像共线方程与 SAR 影像距离多普勒模型的方程形式，并用泰勒公式对距离方程展开，在理论上首次证明了 RPC 模型能够替代星载 SAR 影像的严密几何模型，并采用多类型星载 SAR 数据进行验证，对不同分辨率的 SAR 影像，RPC 模型的拟合精度均可以优于 5%像素；Eftekhari 等（2013）提出了基于传感器参数修正的 RPC 模型解算方法。

随着 RPC 模型在星载 SAR 中的发展，RPC 模型得到了广泛应用。张过等（2012，2011，2010a，2010b，2008）从星载 SAR 立体平差和星载 SAR 正射纠正两个方面验证了仿射变换模型+距离多普勒方程的 RPC 模型可以进行星载 SAR 的摄影测量处理，RPC 模型可以替代 RD 模型进行高分辨率 SAR 影像的正射纠正，并且正射纠正的精度与理论精度相当，并且提高了星载 SAR 正射纠正的处理速度；Capaldo 等（2012）基于 RPC 模型开展了立体定位算法和区域网平差方法研究；张过等（2011）在 InSAR 处理中，基于 RPC 模型利用相位估计替代基线估计，补偿了因轨道引起的误差，并重建真实的相位；Wu 等（2013）利用基于光束法平差的 RPC 模型解决多传感器的星载 SAR 影像的同时定位的问题；Sekhar 等（2014）利用基于平移误差补偿修正的 RPC 模型、基于平移误差补偿重生成的 RPC 模型和基于仿射变换模型重生成的 RPC 模型，分别对中等分辨率 SAR 影像——RISAT-1 数据进行了正射纠正。

2.2　严密几何模型

对星载 SAR 而言主流几何定位模型为距离多普勒定位模型,其主要思想为:在一幅单视复数(single looking complex,SLC)或多视地距(multilook ground range detected,MGD)影像内,可根据雷达波束中心与地球表面相交,对任一像素点进行定位,该相交的过程可以通过三个基本方程实现:①确定传感器与目标间距离的距离方程;②确定雷达波束中心平面的多普勒方程;③描述地球形状的模型。基本原理为:与 SAR 系统之间具有相同斜距的地面目标点均分布在以星下点为圆心的同心圆束上,而卫星在成像过程中与地面目标点之间由于相对运动所产生的多普勒频率分布是双曲线束;在相同的地球高程面上,同心圆束和双曲线束的交点就是所求的地面目标点(张过 等,2012),如图 2.1 所示。

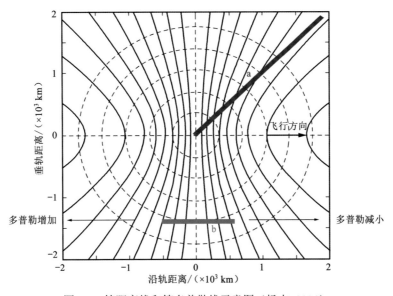

图 2.1　等距离线和等多普勒线示意图(杨杰,2004)

一般都在地心惯性坐标系(geocentric inertial coordinate system,GEI)下构建星载 SAR 影像的严密几何模型。如图 2.2 所示,地心惯性坐标系原点为地心,X 轴指向春分点,Z 轴与地球自转轴重合、指向正北方向,Y 轴 $O\text{-}XYZ$ 符合右手定则。S 为 SAR 卫星天线相位中心,$\boldsymbol{R}_{sc}$ 和 $\boldsymbol{V}_{sc}$ 分别为其位置矢量和速度矢量;T 为地球表面上的某一地面点,$\boldsymbol{R}_{tc}$ 和 $\boldsymbol{V}_{tc}$ 分别为其位置矢量和速度矢量,$\boldsymbol{R}_{ts}$ 为 SAR 卫星与地面点间的距离矢量;T' 为地面点 T 在地球椭球表面上的投影,$T'T$ 为 T 点的高程 H_t。

2.2.1　距离方程

计卫星的位置矢量 $\boldsymbol{R}_{sc} = (X_s,\ Y_s,\ Z_s)$ 地面点位置矢量 $\boldsymbol{R}_{tc} = (X_t,\ Y_t,\ Z_t)$,SAR 图像的距离向像素间隔为 m_r,SAR 图像的近距端斜距为 R_0,则地面点 T 与天线相位中心 S 之间的斜距 R 可表示为

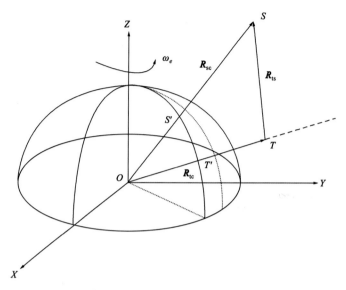

图 2.2　RD 定位模型的 GEI 坐标系

$$R^2 = (X_s - X_t)^2 + (Y_s - Y_t)^2 + (Z_s - Z_t)^2 = (R_0 + m_r \cdot j)^2 \qquad (2.1)$$

式中：j 为地面点 T 在 SAR 图像中所在位置的距离向列号；近距端斜距 $R_0 = c\tau_0 / 2$，τ_0 为采样延时，即雷达信号发射时刻与接收时刻间的时间差；距离向像素间隔 $m_r = c / (2 \times f_s)$。

星载 GNSS 获得的轨道状态矢量是 GNSS 天线相位中心的位置和速度，且状态矢量是在 WGS-84 坐标系（World Geodetic System-1984 Coordinate System，地固坐标系）下的。由于 SAR 天线与 GNSS 天线安装在卫星平台的不同位置，需将 GNSS 天线相位中心的状态矢量，通过坐标转换的方式（蒋永华 等，2013；潘红播 等，2013），转换到 SAR 天线相位中心：

$$\begin{bmatrix} X_s \\ Y_s \\ Z_s \end{bmatrix} = \boldsymbol{R}_{\text{WGS84}}^{\text{J2000}} \begin{bmatrix} X_g \\ Y_g \\ Z_g \end{bmatrix}_{\text{WGS84}} + \boldsymbol{R}_{\text{body}}^{\text{J2000}} \begin{bmatrix} \text{d}X \\ \text{d}Y \\ \text{d}Z \end{bmatrix} \qquad (2.2)$$

式中：$(X_g \ Y_g \ Z_g)^{\text{T}}$ 为 GNSS 天线相位中心在 WGS-84 系下的位置矢量；$\boldsymbol{R}_{\text{WGS84}}^{\text{J2000}}$ 和 $\boldsymbol{R}_{\text{body}}^{\text{J2000}}$ 分别为 WGS-84 坐标系到 J2000 坐标系的转换矩阵、卫星本体坐标系到 J2000 坐标系的转换矩阵；$(\text{d}X \ \text{d}Y \ \text{d}Z)^{\text{T}}$ 为 GNSS 天线相位中心与 SAR 天线相位中心在本体坐标系中的安装偏移矩阵。

2.2.2　多普勒方程

SAR 天线相位中心与地面点间存在相对运动导致在雷达天线处的收发频率不同，即产生多普勒频移现象。

地面点到 SAR 天线相位中心的回波相位历史（Li et al., 1985）为

$$\phi(t) = \frac{4\pi \left| \boldsymbol{R}_t(t) - \boldsymbol{R}_s(t) \right|}{\lambda} \qquad (2.3)$$

回波的多普勒频率为

$$f_d(t) = -\frac{1}{2\pi}\frac{\mathrm{d}\phi}{\mathrm{d}t} = -\frac{2}{\lambda}\frac{\mathrm{d}}{\mathrm{d}t}\left|\boldsymbol{R}_t(t) - \boldsymbol{R}_s(t)\right| \tag{2.4}$$

利用泰勒级数展开，在有限时间 t 内，地面点的距离矢量可以表示为

$$\boldsymbol{R}_t(t) \approx \boldsymbol{R}_t(0) + \boldsymbol{V}_t(0) \cdot t + \frac{1}{2}\boldsymbol{A}_t(0) \cdot t^2 \tag{2.5}$$

SAR 天线相位中心的距离矢量可表示为

$$\boldsymbol{R}_s(t) \approx \boldsymbol{R}_s(0) + \boldsymbol{V}_s(0) \cdot t + \frac{1}{2}\boldsymbol{A}_s(0) \cdot t^2 \tag{2.6}$$

式中：$\boldsymbol{V}_t(0)$、$\boldsymbol{V}_s(0)$、$\boldsymbol{A}_t(0)$、$\boldsymbol{A}_s(0)$ 分别为地面点和 SAR 天线相位中心的速度矢量和加速度矢量。由于 t 趋近于 0，可以有

$$\begin{cases} \boldsymbol{R}_t(t) \approx \boldsymbol{R}_t(0) = \boldsymbol{R}_t, & \boldsymbol{V}_t(0) = \boldsymbol{V}_t, & \boldsymbol{A}_t(0) = \boldsymbol{A}_t \\ \boldsymbol{R}_s(t) \approx \boldsymbol{R}_s(0) = \boldsymbol{R}_s, & \boldsymbol{V}_s(0) = \boldsymbol{V}_s, & \boldsymbol{A}_s(0) = \boldsymbol{A}_s \end{cases} \tag{2.7}$$

根据式（2.7），地面点与 SAR 天线相位中心之间的距离为

$$\begin{aligned} \left|\boldsymbol{R}_t(t) - \boldsymbol{R}_s(t)\right| &= \left|(\boldsymbol{R}_t - \boldsymbol{R}_s) + (\boldsymbol{V}_t - \boldsymbol{V}_s) \cdot t - \frac{1}{2}(\boldsymbol{A}_t - \boldsymbol{A}_s) \cdot t^2\right| \\ &= \mathrm{sqrt}\left\{\left[(\boldsymbol{R}_t - \boldsymbol{R}_s) + (\boldsymbol{V}_t - \boldsymbol{V}_s) \cdot t - \frac{1}{2}(\boldsymbol{A}_t - \boldsymbol{A}_s) \cdot t^2\right]\right. \\ &\quad \left. \cdot \left[(\boldsymbol{R}_t - \boldsymbol{R}_s) + (\boldsymbol{V}_t - \boldsymbol{V}_s) \cdot t - \frac{1}{2}(\boldsymbol{A}_t - \boldsymbol{A}_s) \cdot t^2\right]\right\} \\ &= \mathrm{sqrt}\left\{(\boldsymbol{R}_t - \boldsymbol{R}_s) \cdot (\boldsymbol{R}_t - \boldsymbol{R}_s) + 2(\boldsymbol{R}_t - \boldsymbol{R}_s) \cdot (\boldsymbol{V}_t - \boldsymbol{V}_s) \cdot t\right. \\ &\quad \left. + \left[(\boldsymbol{V}_t - \boldsymbol{V}_s) \cdot (\boldsymbol{V}_t - \boldsymbol{V}_s) - (\boldsymbol{R}_t - \boldsymbol{R}_s) \cdot (\boldsymbol{A}_t - \boldsymbol{A}_s)\right] \cdot t^2 + \cdots\right\} \end{aligned} \tag{2.8}$$

将式（2.8）代入式（2.4），可得

$$\begin{aligned} f_d(t) &\approx \frac{1}{\lambda\left|\boldsymbol{R}_t(t) - \boldsymbol{R}_s(t)\right|}\left\{2(\boldsymbol{R}_t - \boldsymbol{R}_s) \cdot (\boldsymbol{V}_t - \boldsymbol{V}_s)\right. \\ &\quad \left. + 2\left[(\boldsymbol{V}_t - \boldsymbol{V}_s) \cdot (\boldsymbol{V}_t - \boldsymbol{V}_s) - (\boldsymbol{R}_t - \boldsymbol{R}_s) \cdot (\boldsymbol{A}_t - \boldsymbol{A}_s)\right] \cdot t\right\} \end{aligned} \tag{2.9}$$

由于雷达信号是线性调频信号，令 $f_d(t) = f_{\mathrm{dc}} + f_{\mathrm{dr}} \cdot t$ 和 $R = \left|\boldsymbol{R}_t(t) - \boldsymbol{R}_s(t)\right|$，则有

$$f_{\mathrm{dc}} = -\frac{2}{\lambda R}(\boldsymbol{V}_t - \boldsymbol{V}_s) \cdot (\boldsymbol{R}_t - \boldsymbol{R}_s) \tag{2.10}$$

$$f_{\mathrm{dr}} = -\frac{2}{\lambda R}\left[(\boldsymbol{V}_t - \boldsymbol{V}_s) \cdot (\boldsymbol{V}_t - \boldsymbol{V}_s) - (\boldsymbol{R}_t - \boldsymbol{R}_s) \cdot (\boldsymbol{A}_t - \boldsymbol{A}_s)\right] \tag{2.11}$$

式中：f_{dc} 为多普勒中心频率；f_{dr} 为多普勒调频斜率。

式（2.10）为距离多普勒定位模型的多普勒方程，其定义了某个时刻雷达波束中心平面与地球表面的交集为近似双曲线族。在正侧视条带模式获取的 SLC 和 MGD 影像中多普勒中心频率是相对速度的线性函数，其沿方位向的变化可以忽略不计；在聚束成像模式中，同时需要考虑距离向和方位向，才能获得准确的多普勒中心频率。

2.2.3　地球椭球模型方程

地面点 T 满足地球椭球模型方程，即

$$\frac{X_t^2 + Y_t^2}{R_e^2} + \frac{Z_t^2}{R_p^2} = 1 \tag{2.12}$$

式中：R_e 为地球平均赤道半径；R_p 为地球椭球极半径，即 $R_p = (1-f)\,R_e$，f 为扁率。式（2.12）的地球椭球模型是在椭球表面目标点的高程 $H_t = 0$ 时确定的。当已知目标点高程信息的情况下，需对式（2.12）进行高程修正，通常表示为

$$\frac{X_t^2 + Y_t^2}{(R_e + H_t)^2} + \frac{Z_t^2}{\left[(1-f)(R_e + H_t)\right]^2} = 1 \tag{2.13}$$

式（2.13）将地球椭球简化为标准球体，这样修正会产生目标的定位误差。由于地球椭球体的特征，目标点处和赤道处的法线向扩大幅度不同，在修正目标点处的椭球体时应将目标点大地高 H_t 归算到地球平均赤道处的高程 H_t'，如图 2.3 所示。

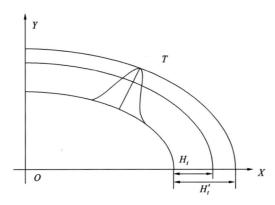

图 2.3　地球椭球修正引起不同纬度高程的变化（傅文学 等, 2008）

由文献（傅文学 等, 2008）可知，对式（2.12）的修正应为

$$R_e' = \frac{\sqrt{(1-f)^2 x_t^2 + y_t^2}}{1 - f} \tag{2.14}$$

式中：$(x_t,\ y_t)$ 为目标点 T 在地球椭球体表面上投影点的坐标，则有

$$\begin{cases} x_t = \dfrac{R_e}{\sqrt{1 + (1-f)^2 \tan^2\phi}} + \dfrac{H_t}{\sqrt{1 + \tan^2\phi}} \\[3mm] y_t = \dfrac{R_e \sqrt{(1-f)^2 \tan\phi}}{\sqrt{1 + (1-f)^2 \tan^2\phi}} + \dfrac{H_t \tan\phi}{\sqrt{1 + \tan^2\phi}} \end{cases} \tag{2.15}$$

式中：ϕ 为目标点的大地纬度。

事实上，只要 SAR 天线相位中心矢量坐标和目标点矢量坐标的坐标系一致，对于任意定义的坐标系距离多普勒定位模型也同样适用（陈尔学, 2004）。

2.3　SAR 卫星几何定位误差分析

影响星载 SAR 定位精度的主要因素有：传感器误差、星历误差、观测环境误差等。

2.3.1　传感器误差对几何定位的影响

1．本地振荡器漂移

本地振荡器的长周期漂移将会引起脉冲重复频率（pulse repetition frequency，PRF）的变化，影响沿轨向（方位向）像素间隔的大小，即

$$\delta x_{az} = L V_{\mathrm{SW}} / f_p \tag{2.16}$$

式中：L 为方位向视数；f_p 为 PRF；V_{SW} 为波束扫描目标区的地速。V_{SW} 可以表示为

$$V_{\mathrm{SW}} = \left| \frac{\boldsymbol{R}_t}{\boldsymbol{R}_s} \boldsymbol{V}_s - \boldsymbol{V}_t \right| \tag{2.17}$$

式中：$\boldsymbol{R}_s$ 和 $\boldsymbol{V}_s$、$\boldsymbol{R}_t$ 和 $\boldsymbol{V}_t$ 分别为 SAR 相位中心和地面点的位置与速度矢量。

因此，本地振荡器漂移引起的误差是方位向的比例误差，该误差主要是通过卫星设计来优化抑制。

2．系统晶振标称值误差和晶振稳定度误差

由载荷系统晶振标称值误差和晶振稳定度引起距离向采样率误差，其导致成像和定位处理采用的距离向采样率与系统真实距离向采样率之间存在偏差。

采样率误差将会引起距离向的目标定位误差为

$$\Delta x = \Delta \mathrm{d} x \cdot x = \left(\frac{c}{2 f_s \sin \eta} - \frac{c}{2(f_s + \Delta f_s)\ \sin \eta} \right) \cdot x = \frac{c \Delta f_s \cdot x}{2 f_s (f_s + \Delta f_s) \sin \eta} \tag{2.18}$$

式中：Δf 为采样频率误差；f_s 为距离向采样频率；η 为入射角；$\Delta \mathrm{d} x$ 为距离向像素间隔误差。

因此，晶振标称值误差和晶振稳定度引起的误差是距离向的比例误差，该误差主要是通过卫星设计来优化抑制。

3．传感器电子时延

SAR 系统时延误差主要指雷达信号经过信号通道的各个器件时产生的系统时延，传感器的电子时延和涉及脉冲形成的数据记录窗口设置的不确定性都将引起斜距误差 ΔR，进而会引起距离向的平移目标定位误差，即

$$\Delta x = \frac{c \cdot \Delta \tau}{2 \cdot \sin \eta} = \frac{\Delta R}{\sin \eta} \tag{2.19}$$

式中：$\Delta \tau$ 为 SAR 系统时延误差；η 为入射角，可根据图 2.4 得

$$\eta = \sin^{-1}(\boldsymbol{R}_s \sin \gamma / \boldsymbol{R}_t) \tag{2.20}$$

视角 γ 可以三角函数关系获得, 即

$$\gamma = \cos^{-1}\left[(R^2 + \boldsymbol{R}_s^2 - \boldsymbol{R}_t^2)/(2R\boldsymbol{R}_s)\right] \qquad (2.21)$$

式中: R 为传感器到目标点间的斜距; η 为入射角; γ 为视角。

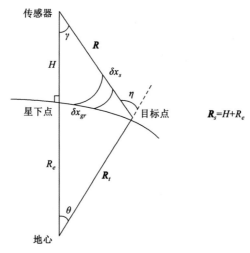

图 2.4　视角与入射角的相对关系

因此, 传感器电子时延引起的误差是距离向平移误差, 该系统时延误差主要通过卫星设计优化, 卫星上天前在地面进行测试, 并在卫星在轨测试期间利用地面定标设备标定, 但是随着 SAR 卫星长期在轨运行, 器件老化、变形也会导致 SAR 系统时延发生变化, 需要常态化监测和定标。

4. 方位向时间误差对几何定位的影响

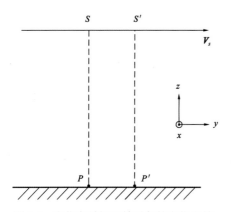

图 2.5　方位向时间误差引起的定位误差

方位向时间误差是由于 SAR 载荷的时钟与 GNSS 授时时钟不同步产生的。目标点成像时刻对应的卫星位置需要根据方位向时间进行轨道内插, 而内插所用方位向时间的准确性影响卫星位置的准确性。如图 2.5 所示, 卫星在 S 处, 零多普勒平面为经过 SP 且与 x 方向平行的平面, 在距离方程的限定下, 设其与地面交点为 P。在短时间内, 可假设卫星为直线飞行, 当方位向时间存在 Δt 的误差时, 通过轨道内插获取的卫星位置从 S 变为 S', 通过距离多普勒定位方程得到的目标点位置相应从 P 变为 P'。可见, 方位向时间误差将引起目标方位向的平移定位误差, 误差大小 $|PP'|$ 约为

$$\Delta a_4 \approx V_{\text{sg}}\Delta t \qquad (2.22)$$

其中: V_{sg} 为卫星的地速。

因此,方位向时间误差引起的方位向平移误差,该误差主要通过卫星设计阶段避免并可在轨测试期间利用几何定标来标定。

2.3.2　SAR 天线相位中心位置速度误差对几何定位的影响

SAR 天线相位中心误差包括位置和速度误差,可以分为三类:沿轨向位置误差、垂轨向位置误差和径向位置误差。

1. 沿轨向位置误差

沿轨向位置误差(ΔR_x),引起方位向平移定位误差,即

$$\Delta x_1 = \Delta R_x \boldsymbol{R}_t / \boldsymbol{R}_s \tag{2.23}$$

式中:ΔR_x 为沿轨向 SAR 天线相位中心沿轨向位置误差,其引起的误差为方位向平移误差。

2. 垂轨向位置误差

垂轨向位置误差(ΔR_y),主要引起距离向平移定位误差,即

$$\Delta r_1 = \Delta R_y \boldsymbol{R}_t / \boldsymbol{R}_s \tag{2.24}$$

式中:ΔR_y 为 SAR 天线相位中心垂轨向位置误差,其引起的误差为距离向平移误差。

3. 径向位置误差

本质上,径向位置误差(ΔR_z),是 SAR 天线相位中心高度 H 的估计误差。

根据下式可知

$$\gamma = \cos^{-1}[(R^2 + \boldsymbol{R}_s^2 - \boldsymbol{R}_t^2) / (2R\boldsymbol{R}_s)] \tag{2.25}$$

对于一个传感器径向位置的改变,视角的变化为

$$\Delta \gamma = \cos^{-1}\left(\frac{R^2 + \boldsymbol{R}_s^2 - \boldsymbol{R}_t^2}{2\boldsymbol{R}_s R}\right) - \cos^{-1}\left[\frac{R^2 + (\boldsymbol{R}_s + \Delta R_z)^2 - \boldsymbol{R}_t^2}{2(\boldsymbol{R}_s + \Delta R_z) R}\right] \tag{2.26}$$

将引起距离向平移误差,即

$$\Delta r_2 \approx R\Delta \gamma / \sin \eta \tag{2.27}$$

视角的变化还会引起多普勒频移 Δf_{dc},即

$$\Delta f_{dc} = \frac{2V_e}{\lambda}(\cos \zeta_t \sin \alpha_i \cos \gamma)\,\Delta \gamma \tag{2.28}$$

式中:V_e 为赤道处的地球切向速度;ζ_t 为目标的地心纬度;α_i 为轨道倾角,同样引起方位向平移误差为

$$\Delta x_2 \approx \frac{\Delta f_{dc} \lambda R V_{sw}}{2V_{st}^2} \tag{2.29}$$

式中:V_{st} 为传感器与目标间的相对速度;V_{sw} 为成像带在地表运动速度的幅值。

因此,径向位置误差同时引起距离向和方位向平移误差。

4. 速度误差

速度误差,即沿轨向速度误差 ΔV_x、垂轨向速度误差 ΔV_y、径向速度误差 ΔV_z,故速度误差可以分解为

$$\Delta V = \Delta V_x \sin \theta_s + \Delta V_y \sin \gamma + \Delta V_z \cos \gamma \qquad (2.30)$$

式中:θ_s 为斜视角。由于

$$\Delta f_{dc} \approx 2\Delta V / \lambda \qquad (2.31)$$

结合式(2.29),可以得到方位向的平移定位误差,即

$$\Delta x_3 = (\Delta V_x \sin \theta_s + \Delta V_y \sin \gamma + \Delta V_z \cos \gamma)\ V_{sw} R / V_{st}^2 \qquad (2.32)$$

沿轨向的速度误差将会产生一个方位向的比例误差,即

$$k_a = \Delta V_x / V_x \qquad (2.33)$$

因此,速度误差引起方位向的平移误差和比例误差。

2.3.3 多普勒误差对几何定位的影响

在 SLC 影像上,像元在方位向的位置由该像元对应的地面目标的多普勒频谱的中心频率处确定,如果方位压缩参考函数中所用的多普勒中心频率与实际的多普勒中心频率不一致,则会引起地面目标方位向的位移

$$\Delta a_3 = \Delta f_{dc} V_{sw} / f_R \qquad (2.34)$$

式中:V_{sw} 为成像带在地表运动速度的幅值;f_R 为用在成像参考函数中的多普勒调频率。Δf_d 引起距离向的位移可以忽略。因此,在确定目标位置应使用成像过程中同一个多普勒中心频率,不会产生定位误差。

但是,如果多普勒中心频率误差超过 $\pm f_p / 2$,也就是产生了方位模糊,引起距离向和方位向位移:

$$\begin{aligned} \Delta x_r &= (m\lambda f_p / f_R) \cdot (f_{dc} + mf_p / 2) \\ \Delta x_{az} &= mf_p V_{sw} / f_R \end{aligned} \qquad (2.35)$$

其中:m 为参考多普勒中心频率偏离真实多普勒中心频率的 PRF 个数。

因此,多普勒误差引起方位模糊,会导致方位向和距离向的平移误差,在成像过程准确估计多普勒才能定位准确。

2.3.4 "停走"假设误差对几何定位的影响

由于星载 SAR 成像中的"停走"假设,会导致成像时刻与脉冲信号的发射和接收时刻不一致,产生一个方位向时间误差。星上记录的方位向起始时间 t_{s0} 是雷达信号的接收时刻,然而 SAR 卫星是在持续运动中发射和接收雷达信号,等效的 SAR 成像时刻为雷达信号的发射时刻与接收时刻的中间时刻,故需进行补偿才能抑制"停走"假设引起的定位误差。

$$t_{s0} = t'_{s0} - \frac{N - f_p + t_{\text{sample\_delay}}}{2} \tag{2.36}$$

式中：N 为雷达信号从发射到接收经历整周期的个数；$t_{\text{sample\_delay}}$ 为星上记录的采样时间延迟。

2.3.5　大气传播延迟误差对几何定位的影响

雷达信号穿过大气到达地面再从地面返回大气时的大气路径双向延迟，会影响 SAR 几何定位精度，其影响主要与当地的大气压强、温度、水汽含量、电离层电子密度以及雷达信号的发射频率有关，不同成像时间、不同成像角度都会引起信号传播误差的差异，故该误差为时变误差。其影响规律与传感器电子时延类似，引起的误差是距离向平移误差。

2.3.6　大气传播延迟误差改正

雷达信号从 SAR 系统发射到接收，经过大气传播存在延迟影响，随大气环境的改变而变化，影响斜距精度。大气传播延迟改正模型（Davis et al., 1985）为

$$\Delta L = \frac{1}{\cos\eta} \int_z^{\infty} [n(z) - 1] \mathrm{d}z \tag{2.37}$$

式中：$n(z)$ 为天顶方向大气折射率；η 为入射角。

大气天顶延迟的计算依赖于所构建的大气模型，获取大气折射率空间分布模式。大气层对雷达信号的传播延迟影响主要分为中性大气和电离层影响，而中性大气通常分成干和湿两部分（欧吉坤，1998）。按照大气成分的划分，Puyssegur 等（2007）在综合了云雾量及游离态电子影响，给出了大气折射率计算模型如下：

$$\begin{cases} (n-1)=10^{-6} N \\ N = \underbrace{k_1 \dfrac{P_d}{T}}_{\text{干大气}} + \underbrace{k_2 \dfrac{e}{T} + k_3 \dfrac{e}{T^2}}_{\text{温大气}} + \underbrace{k_4 W_{\text{cloud}}}_{\text{液态水}} + \underbrace{k_5 \dfrac{\text{TEC}}{f_c^2}}_{\text{电离层}} \end{cases} \tag{2.38}$$

式中：P_d 为干大气压强；e 为湿大气压强；T 为地表温度（K）；W_{cloud} 为水汽含量（kg/m³）；TEC 为电离层电子密度；f_c 为电磁波信号的发射频率。其中，第一项是由流体静力学效应（空气压力）引起的大气延迟，第二项为湿度（水蒸气）引起的大气延迟，第三项为液体（小水滴）变化引起的大气延迟，第四项为电离层延迟。

1. 对流层大气传播延迟改正模型

Owens（1967）结合流体静力学方程和非理想气体公式推导出中性大气中干分量和湿分量的距离改正模型，如下所示：

$$\begin{cases} \Delta L_D = 10^{-6} k_1 \dfrac{R_m}{M_d} g_m^{-1} \cdot P_{\text{surf}} \\ \Delta L_W = 10^{-6} k_2 \dfrac{R_m}{M_W} \cdot P_W \end{cases} \tag{2.39}$$

式中：ΔL_D 为干大气延迟；ΔL_W 为湿大气延迟；地表压强 $P_{\text{surf}} = p_d + e$；$P_W$ 为大气可降水量；M_d、M_W 分别为干、湿大气分子量，$M_d = 28.9644 \, \text{kg/kmol}$，$M_W = 18.0152 \, \text{kg/kmol}$；$R_m$ 为摩尔气体常量；$R_m = 8.31451 \, \text{J/(mol·K)}$。

k_1、k_2 值与卫星载荷发射电磁波信号的频率相关，求解公式：

$$\begin{cases} k_1 = 0.237134 + 68.39397\dfrac{130 + \lambda^{-2}}{(30 - \lambda^{-2})^2} + 0.45473\dfrac{38.9 + \lambda^{-2}}{(38.9 - \lambda^{-2})^2} \\ k_2 = 0.648731 + 0.0174174\lambda^{-2} + 3.55750 \times 10^{-4}\lambda^{-4} + 6.1957 \times 10^{-5}\lambda^{-6} \end{cases} \tag{2.40}$$

由式（2.39）可知，干大气和湿大气的延迟量求解还需要获取大气的地表压强和大气可降水量。全球大气模型（global atmospheric models，GAM）可以提供由卫星和气象基站记录的地表气象数据，包括温度、气压、水汽含量、风速风向等。本书以美国国家环境预报中心（National Centers for Environmental Prediction，NCEP）的大气分析模型作为外部数据（常亮，2011），模型提供了每隔 6 小时 1°×1° 的经纬网格点存储的等压面数据。

2. 电离层大气传播延迟改正模型

电离层主要是指在离地面约 60～1 000 km 高度范围内的大气层部分，而在大约 400 km 高度处的自由电子密度最大，故通常将整个电离层近似为一个非常理想化的单层电离层，也就是把整个垂直分布在电离层中的自由电子全部压缩到一个单层壳层上。图 2.6 为单层电离层模型示意图，P' 为星下点 P 在垂直方向上单层电离层处的压缩点/穿刺点，故电离层延迟是压缩点 P' 处的电离层总电子含量（total electron content，TEC）和视向与压缩点 P' 处单层电离层法线方向的夹角有很大关系。由此，可以得到雷达信号在传播路径上的电离层延迟（Cong et al.，2012；Eineder et al.，2011；Jehle et al.，2008）为

$$\Delta L_1 = K \cdot \frac{\text{TEC}}{f_c^2} \cdot \frac{1}{\cos\theta'} \tag{2.41}$$

式中：$K = 40.28 \, \text{m}^3/\text{s}^2$；TEC 的单位是 10^{16} 个电子/m²。由上式可知，电离层延迟与 TEC 和电磁波频率有关。

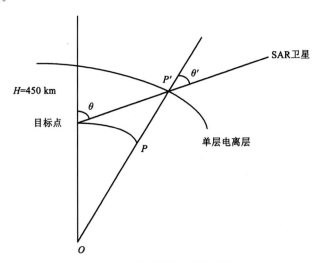

图 2.6　单层电离层模型内插示意图

欧洲定轨中心（European Center for orbit determination，CODE）以 IONEX（ionosphere exchange format）文件格式每天每过 2 个小时会产生一幅全球电离层 TEC 图。如果按一天中从协调世界时（coordinated universal time，UTC）零时到 24 时，故每天公布 13 幅（从 2014 年 10 月 19 日开始，以 1 小时为间隔每天给出 25 幅）。按照全球经度方向间隔 5°，纬度方向间隔 2.5°，经度范围为−180°W～180°E，纬度范围为 87.5°S～−87.5°N，共有 5 183 个格网点，实现电离层的格网划分。由此对于某一特定时间和位置的穿刺点，首先采用双线性内插原理分别对已知相邻历元时刻的 TEC 含量进行四角点网格空间内插，然后进行时间的双线性内插，具体过程如下。

（1）根据成像时刻，取得全球的 IONEX 文件格式的 TEC 含量图，然后以穿刺点的经纬度（lat，lon）采用双线性插值计算相邻格网点的 TEC 含量，具体的公式为

$$I(\text{lat},\ \text{lon}) = I_{0,0} \times \left(1 - \frac{\text{lat} - \text{lat}_0}{\Delta \text{lat}}\right)\left(1 - \frac{\text{lon} - \text{lon}_0}{\Delta \text{lon}}\right) + I_{1,0} \times \left(\frac{\text{lat} - \text{lat}_0}{\Delta \text{lat}}\right)\left(1 - \frac{\text{lon} - \text{lon}_0}{\Delta \text{lon}}\right)$$
$$+ I_{1,1} \times \left(\frac{\text{lat} - \text{lat}_0}{\Delta \text{lat}}\right)\left(\frac{\text{lon} - \text{lon}_0}{\Delta \text{lon}}\right) + I_{0,1} \times \left(1 - \frac{\text{lat} - \text{lat}_0}{\Delta \text{lat}}\right)\left(\frac{\text{lon} - \text{lon}_0}{\Delta \text{lon}}\right) \quad (2.42)$$

式中：lat_0 为左下角网格点的纬度；lon_0 为左下角网格点的精度；Δlat 为电离层网格点的纬度间隔；Δlon 为电离层网格点的经度间隔。

（2）得到空间内插后进行相应时间点的时间双线性内插，具体的公式是

$$I(\text{lat},\text{lon},t) = I(\text{lat},\text{lon})_i \times \frac{T_{i+1} - t}{T_{i+1} - T_i} + I(\text{lat},\text{lon})_{i+1} \times \frac{t - T_i}{T_{i+1} - T} \quad (2.43)$$

（3）取得垂直方向上的 TEC 后，选取合适的映射函数，即可计算雷达信号在传播路径上的电离层延迟值。

3．大气传播延迟影响分析

针对大气传播延迟改正模型，根据 2012～2016 年的 NCEP 和 CODE 辅助数据计算雷达信号的大气传播延迟改正量（中性大气延迟和电离层延迟），分析不同时间的大气延迟对定位精度的影响。

1）中性大气延迟精度分析

通过以下两种方式计算雷达信号的大气传播延迟量。以地面点为插值点，计算该点天顶方向的延迟后，再利用映射函数计算传播路径的延迟值；在地面点天顶方向的 20 km 范围内，以 200 m 的高程间隔在信号传播路径方向上进行插值，计算该插值点在 200 m 高程范围内的大气传播延迟值，然后累加计算出信号在传播路径上总的大气延迟值。最后，对比两种方式的延迟量差值，2016 年 1 月 1 日到 2016 年 5 月 11 日（总计 132 天）的延迟量差值结果如图 2.7 所示。

从图 2.7 可以看出，两种方式计算出的大气传播延迟值相差较小，均优于 2 mm。

2）不同分布地面点的大气传播延迟影响分析

同一场景内，影响大气传播延迟的两个主要因素是高程和入射角。不同高程处的大

气压强存在差异,影响天顶方向的延迟量;不同入射角导致映射函数存在量的差异,影响传播路径上的延迟量。为了分析一个场景内的大气传播延迟量受地形和分布范围的影响,对嵩山地区、43°入射角的遥感 13A 数据进行分别试验分析。为了分析入射角的影响,沿某一方位向以 150 m 间隔均匀采样地面点,采样范围 20 km,假设每一个采样点的高程相同,分别计算各采样点的大气传播延迟量,如图 2.8 所示;为了分析高程的影响,采用相同的采样点,每个采样点的高程以 100 m 高程间隔从−400～8 900 m(参考全球陆地的海拔最高——珠穆朗玛峰海拔 8 844.43 m 和海拔最低——死海湖面海拔−392 m)均匀取值,分别计算每个采样点在不同高程上的大气传播延迟量,如图 2.9 所示。

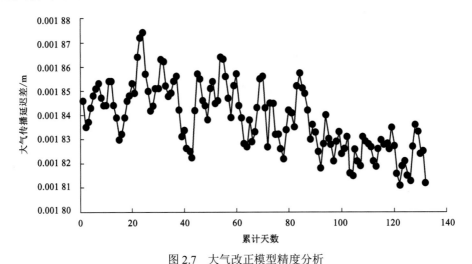

图 2.7　大气改正模型精度分析

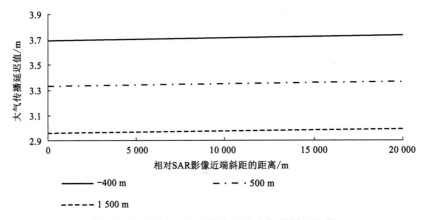

图 2.8　相同高程、不同距离门的大气传播延迟量

　　由图 2.8 和图 2.9 可以看出,在高程相同的情况下,大气传播延迟随距离门由近及远逐渐变大,200 km 幅宽的影像内最大变化量不超过 0.04 m;在相同距离门条件下,大气传播延迟随高程的升高而减小,海拔每上升 100 m 时大气传播延迟平均减小 0.02～0.04 m;在一个场景内,高程对大气传播延迟的影响比入射角的影响大。由于高程每上升 100 m,大气压降低约为 100 mbar(1mbar = 100 kPa),然而计算电离层的穿刺点几乎不受影响,

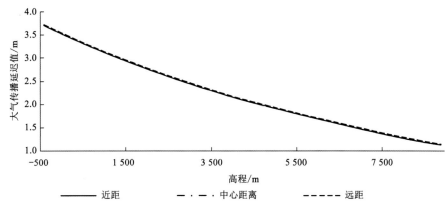

图 2.9　相同距离门，不同高程的大气传播延迟量

故高程变化主要对中性大气延迟产生影响。针对高低起伏在 200 m 以下的平原和丘陵地区，标准场景（20 km 幅宽）内大气传播延迟变化不超过 0.08 m；针对高低起伏在 500 m 以上的山地，标准场景（20 km 幅宽）内大气传播延迟变化至少为 0.10 m；针对高低起伏在 1 000～2 000 m 以上的高山，标准场景（20 km 幅宽）内大气传播延迟变化至少为 0.4～0.8 m。由此说明，星载 SAR 几何定位中采用逐点进行大气传播延迟改正的方法，改正精度可以提升厘米到亚米的量级，甚至更高。

3）不同波位的大气传播延迟影响分析

针对同一场景的同一目标点，采用 8 个波位进行分析，计算得到 2012～2016 年（历时 5 年）的中性大气延迟量、电离层延迟量和总的大气传播延迟量，结果如图 2.10 所示。

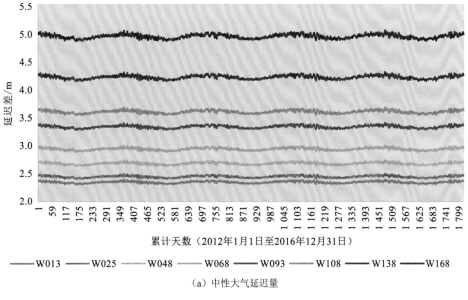

（a）中性大气延迟量

图 2.10　不同波位对大气传播延迟的影响

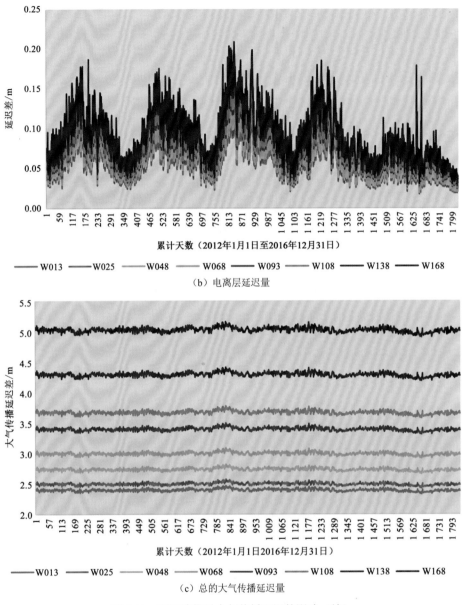

（b）电离层延迟量

（c）总的大气传播延迟量

图 2.10　不同波位对大气传播延迟的影响（续）

　　由图 2.10 可以看出,雷达信号的大气传播延迟（包括中性大气延迟和电离层延迟）随波位的增加而变大。其中,中性大气延迟随时间的变化趋势比较平缓,延迟量在 2～5 m,最大变化量为 0.1 m,一年中夏季的中性大气延迟比冬季的延迟量小;电离层延迟随时间变化比较明显,每年 4～5 月的电离层延迟出现峰值,延迟量在 0.01～0.20 m,而电离层延迟随波位变化较小,最大差值为 0.056 m,另外 2016 年的电离层延迟影响相对较小;总的大气传播延迟变化趋势比较平稳,明显随波位的增大而变大,波位间最大相差可达 2.7 m左右。

4）升降轨与左右侧视的大气传播延迟影响分析

在相同场景、相同波位条件下，升降轨和左右侧视的成像模式对几何定位的影响，主要是由于 SAR 卫星在目标场景两侧进行测量成像，雷达信号的传播路径不同引起大气传播延迟量不同。图 2.11 和图 2.12 分别为 W108 降轨右侧视和 W108 升轨右侧视、W025 降轨右侧视和 W023 降轨左侧视在 2012～2016 年（历时 5 年）期间的大气传播延迟量的差值对比图。

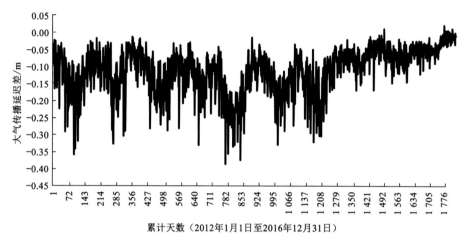

图 2.11　降轨右侧视（W108）和升轨右侧视（W108）

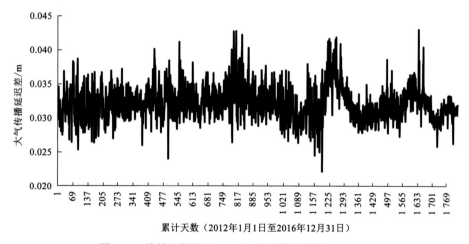

图 2.12　降轨右侧视（W025）和升轨左侧视（W023）

从图 2.11 和图 2.12 可以看出，升降轨的大气传播延迟量的差值在 0～0.38 m，左右侧视的大气传播延迟量的差值在 0.023～0.043 m。由于升轨数据的波位较大，此次试验的升降轨延迟量比左右侧视延迟量大。

5）不同场景的大气传播延迟影响分析

针对相同或相近波位、相同升降轨和相同左右侧视的条件下，分析不同场景的大气传播延迟对几何定标精度的影响。2012～2016 年（历时 5 年）期间，相同波位、相同升降轨和左右侧视成像模式的大气传播延迟量的对比结果如图 2.13 所示。

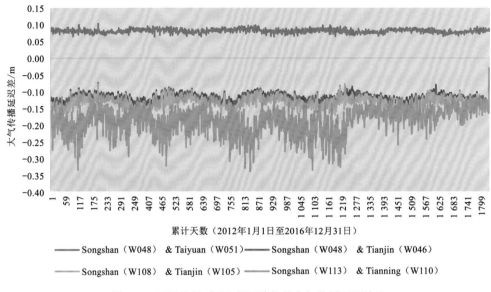

图 2.13　不同场景、相同/相近波位的大气传播延迟差异

从图 2.13 可以看出,不同场景的大气传播延迟量大约为 0.05～0.35 m,且大气传播延迟的变化量随波位的增大而变大,最大差值可达 0.341 m。

6)星载 SAR 大气延迟改正策略

为了验证大气传播延迟改正精度,选取 Terrasar-X 的 StripMap 产品数据,其影像分辨率为 3 m,幅宽大小为 30 km×50 km。单景 Terrasar-X 影像采用唯一的大气改正参数,以影像中心对应的地面点和影像所在区域的平均高程作为基准计算大气延迟值(Jehle et al., 2008)。Terrasar-X 影像的辅助文件提供了大气双向延迟时间、影像中心经纬度和平均高程等信息。本实验借助影像辅助数据,实验结果如表 2.1 所示。

表 2.1　TerraSAR-X 大气延迟改正实验结果

影像	地区	高程范围/m	平均高程/m	入射角 影像参数	入射角 模型计算	大气延迟/m 影像参数	大气延迟/m 模型计算	延迟差/m
TSX-1	兰州	1 462～2 740	1808	28.739°	28.740°	1.941	2.104	0.163
TSX-2				28.702°	28.864°	1.941	2.129	0.188
TSX-3	Bakersfield	−117～3 235	1037	38.233°	38.242°	2.471	2.591	0.120
TSX-4				38.233°	38.246°	2.471	2.588	0.117
TSX-5	咸宁	10～893	183	30.992°	29.587°	2.606	2.585	−0.020
TSX-6				33.276°	33.260°	2.688	2.681	−0.006

由实验结果可以发现:兰州地区的大气延迟误差较大,最大偏差接近 19 cm;Bakersfield 地区次之,咸宁地区的误差值相对较小。由大气延迟改正模型可知,主要影响距离延迟的参数包括地表压强、电磁波频率及映射函数。TerraSAR-X 雷达发射波长为3.1 cm,对模型计算结果中误差不会产生影响;对于测距射线入射角在 30°～40°时,入射

角偏差 1°所产生的误差小于 2.7 cm；大气压强的影响约为 2.3 mm/mbar，压强值根据等压面的高程插值得到，因此，高程值直接影响大气压强值。一般情况下，接近地表高程每上升 100 m 压降约为 10 mbar，即大气延迟值减小 2.3 cm。由此可见，高程起伏较大地区的大气延迟值差异就越大。于是根据兰州地区和 Bakersfield 地区两景影像的 DEM 数据逐像素计算其大气延迟值，得到结果如图 2.14 和图 2.15 所示（左图为 DEM 影像，右图为大气延迟值）。

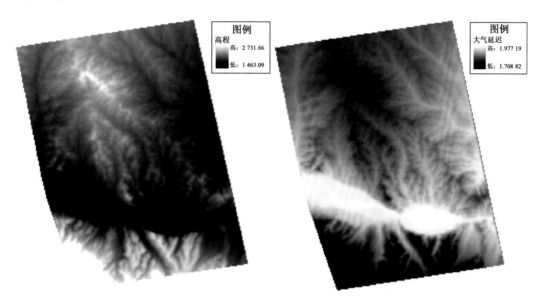

图 2.14　兰州地区 DEM 影像和大气延迟改正分布图

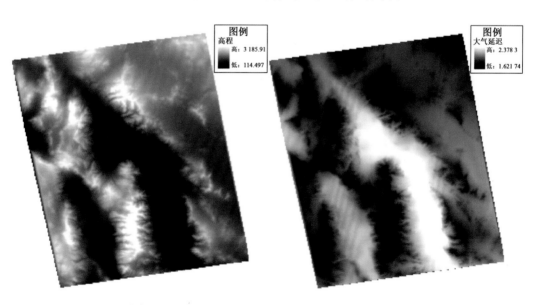

图 2.15　Bakersfield 地区 DEM 影像和大气延迟分布图

以上实验结果可以发现,大气延迟值与地表高程值呈现强反相关关系,由此可以推知高程值是影响大气延迟模型精度的最主要因素。那么对于一景 TerraSAR-X 影像而言,地形起伏过大,必定难以消除大气延迟对测距值的影响,选择单一基准点处理较大区域的大气延迟造成的误差主要是由地面高程值的选取引起的。

为了进一步证明地形对大气延迟值的影响,增加了一组实验。实验选取了岳阳地区不同时期的 10 景数据,影像所在区域高程差最大值小于 300 m,地势较为平缓。实验结果如表 2.2 所示。

表 2.2　岳阳地区大气延迟改正实验结果

影像	平均高程/m	入射角		大气延迟/m		延迟差/m
		影像参数	模型计算	影像参数	模型计算	
TSX-7	20.672	39.228°	39.229°	2.959 7	3.023	0.063
TSX-8	20.682	39.227°	39.228°	2.959 7	2.991	0.031
TSX-9	20.609	39.225°	39.236°	2.959 6	3.002	0.042
TSX-10	20.450	39.230°	39.231°	2.959 9	2.958	−0.002
TSX-11	20.579	39.227°	39.228°	2.959 7	2.972	0.013
TSX-12	20.543	39.230°	39.230°	2.959 9	2.952	−0.008
TSX-13	20.609	39.230°	39.231°	2.959 8	2.973	0.013
TSX-14	20.582	39.237°	39.238°	2.960 2	2.993	0.033
TSX-15	20.531	39.228°	39.228°	2.959 8	2.998	0.038
TSX-16	20.455	39.230°	39.231°	2.959 9	3.003	0.043

由实验结果可以发现:岳阳地区每一景影像所在地区地势起伏在 300 m 以内,由地势起伏造成的误差不大于 7 cm;而利用大气延迟模型计算得到该地区不同时期影像的改正值误差最大为 6.3 cm。由此可见高程值是影响大气传播延迟模型精度的最主要因素,因而当影像所在区域的地势起伏变化较大时,选用影像基准高程就显得十分重要,因此,SAR 数据的大气延迟改正利用影像平均高程作为修正参数进行处理是不合适。

利用大气延迟改正模型处理 SAR 数据,可以将大气延迟影响缩小至 cm 级;地表基准点的高程是引起大气传播延迟改正精度的主要误差源,在地形起伏较大区域,仅选取 SAR 影像的中心点的高程作为计算大气延迟值的基准点会造成较大偏差,在几何定标和几何定位过程中,建议每个点均要校正。

2.4　本 章 小 结

本章系统研究了星载 SAR 卫星几何定位模型相关的原理及方法。从星载 SAR 卫星几何定位误差分析入手,推导了传感器误差、SAR 天线相位中心位置和速度误差、多普勒误差、"停走"假设误差、大气传播延迟误差对几何定位的影响模型;本地振荡器漂移引起的误差是方位向的比例误差,该误差主要是通过卫星设计来优化抑制;晶振标称值误差和晶振稳定度引起的误差是距离向的比例误差，该误差主要是通过卫星设计来优化抑制；传感器电子时延引起的误差是距离向平移误差，该系统时延误差主要通过在轨测试期间利用地面定标设备标定；方位向时间误差引起的方位向平移误差，该误差主要通过卫星设计阶段避免并可在轨测试期间利用地面定标设备标定；SAR 天线相位中心沿轨向位置误差引起方位向平移误差，SAR 天线相位中心垂轨向位置误差引起距离向平移误差，SAR 天线相位中心径向位置误差引起距离向和方位向平移误差，SAR 天线相位中心速度误差引起方位向的平移误差和比例误差，其可通过星上配置双频 GNSS+事后精密定轨来提升精度；多普勒误差如果引起方位模糊，会导致方位向和距离向的平移误差，因此在成像过程准确估计多普勒才能真正定位准确。大气传播延迟误差是时变误差，可利用大气延迟改正模型来改正，其改正精度厘米级；但地表基准点的高程是引起大气传播延迟改正精度的主要误差源，在地形起伏较大区域，仅选取 SAR 影像的中心点的高程作为计算大气延迟值的基准点会造成较大偏差，因此，在几何定标和几何定位过程中建议每个点均要进行大气传播延迟改正。

第 3 章　在轨几何定标

本章简要介绍在轨几何定标的发展状况,重点论述场地定标、交叉定标、无场定标方法,并利用遥感 13A 和高分三号在轨运行卫星的数据进行试验,验证几何定标方法的精度。

3.1　在轨几何定标研究进展

在轨几何定标又称在轨几何检校,是利用地面控制数据消除星载 SAR 星上成像系统误差,提升影像几何定位精度,实现卫星高精度定位的关键环节。

几何定标和几何校正是容易混淆的两个概念,几何校正是对遥感数据本身真实性的还原(张过,2005),遥感成像时,由于平台的状态参数、地球自转以及地形起伏等因素的影响,造成影像相对于地面目标发生几何畸变,几何校正就是消除这种畸变,给数据本身加上真实对应的几何坐标信息,是对数据本身真实性的还原(张过,2005)。SAR 影像几何校正的精度取决于 SAR 系统提供的各种定位参数的精度,几何定标就是对各种定位参数误差进行标定,是对定位参数真实性的还原(刘楚斌,2012;周晓 等,2012)。但早期几何校正和几何定标并没有做区分,几何定标和几何校正都是指赋予影像平面坐标和高程信息,如日本的 JERS-1(Shimada,1996),其几何定标本质上是多项式几何校正,依据地面控制点(ground control point,GCP)构建地理坐标空间,然后在图像空间与地理坐标空间之间建立多项式变换关系模型,实现图像坐标向地理坐标的变换。多项式几何纠正需要地面控制点,在地形起伏区域几何纠正精度低,逐渐被基于距离-多普勒模型(range Doppler model,RD 模型)的纠正方法所替代。RD 模型是利用目标回波中包含的距离信息和多普勒历程信息来构建距离方程和多普勒方程,最早由 Brown 在 1981 年提出,后来由 Curlander 发展并应用到星载 SAR 几何定位中(Curlander et al., 1991;Brown,1981),基于 RD 模型,在无需 GCP 的情况下即可解算每个像元的地理位置坐标,但构建 RD 模型所需的定位参数,其准确性直接影响影像的无控制点定位精度。美国的 SIR-C/X 系统就是利用 RD 模型来进行 SAR 图像的几何定标,由于早期的卫星轨道精度较低,所以 SIR-C/X 系统的定标原理与加拿大的 Radarsat-1 一样,都是通过布设地面控制点来解算轨道参数的系统误差,从而提高影像的几何定位精度(Small et al., 1997;Madsen et al., 1991)。由此开始,几何定标与几何校正逐渐区分开来。

ERS-1 是世界上首颗实现高精度几何定标的卫星,利用地面检校场对 ERS 卫星影像进行几何定标处理,标定影响影像无控制几何定位精度的关键系统参数,最终单片无控制点平面定位精度达到 10 m(RMS)(Mohr et al., 2001)。此后的星载 SAR 几何定标均是针对系统参数进行,本质是构建几何定标模型,通过控制点在影像平面上的真实位置与计算位置的差值来解算出定标参数,利用定标参数对几何定位模型参数进行误差补偿,从而提高影像的无控制点几何定位精度。几何定标参数与卫星制造水平高度相关,早期 SAR

卫星定轨精度差,几何定标主要是对轨道位置进行修正,随着定轨精度的提高,卫星位置偏差对最终几何定位精度的影响较小,而距离向的系统时延和方位向时间误差成为影响影像无控制点定位精度的最主要因素,Envisat-1、ALOS、Radarsat-2、TerraSAR-X、TanDem-X和 Sentinal-1A/1B 的几何定标参数主要是距离向的系统时延和方位向时间误差(Schwerdt et al.,2012,2010;Luscombe,2009;Shimada et al.,2009;Small et al.,2004)。随着控制点精度的提高,大气延迟影响成为制约星载 SAR 几何定标精度的关键因素,需要在定标过程中加以考虑(Jehle et al.,2008)。

我国的星载 SAR 技术起步较晚,但发展较快,目前已发射了多颗星载 SAR 卫星。但由于公开的数据较少,国内学者对星载 SAR 几何定标的研究主要是利用国外星载 SAR 数据开展。由于国外星载 SAR 数据在数据生成过程中已进行过参数标定,国内相关研究大多停留在国外卫星数据精度验证上,并没有对几何定标算法开展实质性的研究(周晓,2014;周晓 等,2014,2012;陈尔学 等,2010)。2012 年成功发射的环境一号 C 星(HJ-1C),目前只有关于此卫星在轨成像性能的验证,而对于此卫星的定标工作尤其是几何定标目前还未见报道(张润宁 等,2014)。高分三号在轨测试结果表明其无控制点几何定位精度仅优于 50 m(张庆君,2017)。与国际先进水平相比,我国星载 SAR 几何定标尚未形成完整成熟的技术流程,几何定标方法及其在我国星载 SAR 数据上的应用还有许多问题需要深入研究。

3.2　星载 SAR 几何定标模型

依据 2.3 节论述,针对星载 SAR 几何定位,其主要误差可分为四类:第一类误差,通过 SAR 卫星设计优化可抑制,包括本地振荡器漂移引起的误差、晶振标称值误差和晶振稳定度引起的误差、传感器电子时延引起的误差和方位向时间误差;第二类误差,星上配置双频 GNSS+事后精密定轨来抑制 SAR 天线相位中心误差;第三类误差,大气传播延迟误差,为时变误差,可利用大气延迟改正模型来改正;第四类误差为传感器电子时延和方位向时间误差,需通过在轨几何定标来修正。

再者从 SAR 系统的工作原理出发,可在 SAR 系统的天线处将雷达信号的延迟影响分为两种,即传感器电子时延影响和大气传播延迟影响,如图 3.1 所示。

传感器电子时延是距离向系统误差,是星载 SAR 几何定标参数;SAR 信号的发射和接收都是在时间尺度上完成的,主要为方位向时间误差,该时间误差主要影响方位向的定位精度,是星载 SAR 几何定标参数。

大气传播延迟是时变误差,主要受大气环境影响,可以根据目标点所处的中性大气和电离层环境参数通过大气传播延迟改正模型进行消除。

雷达信号经过大气层延迟的影响,而这种影响随着传播路径的增加而变大,并且雷达信号随大气环境的变化而变化。当 SAR 卫星以不同入射角进行成像,或者以不同升降轨形式进行,或者以不同时间对不同地点进行成像,雷达信号传播路径的改变影响着斜距测量精度,导致几何定标精度受到影响。因此,大气传播延迟影响星载 SAR 几何定标精度。

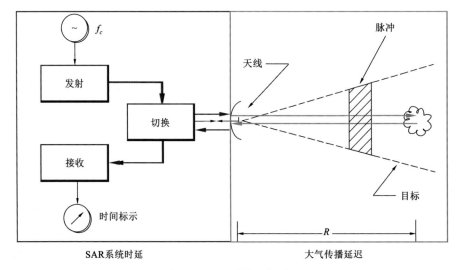

图 3.1　SAR 系统工作原理

由此，构建星载 SAR 几何定标模型：

$$
\begin{cases}
t_f = \left(t_{f0} + t_{\text{delay}} + \Delta t_f\right) + \dfrac{x}{f_s} \\
t_s = \left(t_{s0} + \Delta t_s\right) + \dfrac{y}{f_p}
\end{cases}, \quad x \in \left[0, \text{width}-1\right], y \in \left[0, \text{height}-1\right] \qquad (3.1)
$$

式中：t_f、t_s 分别为距离向时间和方位向时间；t_{f0}、t_{s0} 分别为距离向起始时间的测量值和方位向起始时间测量值；t_{delay} 为大气传播延迟；Δt_f、Δt_s 为传感器电子时延误差和方位向时间误差；x、y 为像素坐标；width、height 分别为 SAR 影像的宽和高。

Δt_f 主要为雷达信号经过信号通道的各个器件时产生的系统时延。该系统时延可以通过地面实验室标定的形式获得，但由于卫星发射时雷达载荷器件会发生变化，进而影响雷达信号的系统时延。Δt_s 实际是 SAR 载荷和 GNSS 载荷之间时间同步误差。

3.3　场地几何定标

3.3.1　场地几何定标算法流程

星载 SAR 几何定标模型（3.1）可以表示成如下形式：

$$
\begin{cases}
F_x = t_f - \left[\left(t_{f0} + t_{\text{delay}} + \Delta t_f\right) + \dfrac{x-1}{f_s}\right] = 0 \\
F_y = t_s - \left[\left(t_{s0} + \Delta t_s\right) + \dfrac{y-1}{f_p}\right] = 0
\end{cases} \qquad (3.2)
$$

式（3.2）的误差方程为

$$
\boldsymbol{V} = \boldsymbol{Bx} - \boldsymbol{l} \qquad (3.3)
$$

式中：$\boldsymbol{B} = \begin{bmatrix} \dfrac{\partial \Delta t_f} & \dfrac{\partial \Delta t_s} \\ \partial F_x & \partial F_y \end{bmatrix}$；$\boldsymbol{x} = \begin{bmatrix} \mathrm{d}\Delta t_f & \mathrm{d}\Delta t_s \end{bmatrix}^\mathrm{T}$；$\boldsymbol{l} = \begin{bmatrix} -F_x^0 & -F_y^0 \end{bmatrix}^\mathrm{T}$。

设 $\Delta t_f = 0$、$\Delta t_s = 0$，f_s 和 f_p 由辅助参数文件获得，采用迭代运算的方法获取几何定标参数 $\boldsymbol{x} = (\mathrm{d}\Delta t_f \quad \mathrm{d}\Delta t_s)^\mathrm{T}$。几何定标参数解算的具体步骤如下。

（1）利用高精度角反射器点提取算法，可以获得角反射器点在 SAR 影像上的精确位置 (s_i, l_i)。

（2）根据 SAR 影像间接定位算法，通过角反射器的地面坐标和轨道参数等，计算出该地面角反射器点对应的 SAR 影像方位向时间 t_{s_i} 和该点的星地距离 R_{st}（即距离向时间 t_{f_i}）。

（3）根据式（3.1），利用定标场地面布设的 n 个角反射器点，可以组建 n 个误差方程。利用基于谱修正法迭代法的最小二乘平差，可精确计算方位向开始时间延迟 Δt_s、距离向起始时间延迟 Δt_f。

（4）更新 2 个几何定标参数，重新执行步骤（3），再次计算 2 个几何定标参数，判断两次计算的几何定标参数之差是否满足收敛条件，若小于预设阈值则迭代终止，否则转向（3）继续迭代运算。

（5）根据计算的 2 个改正值补偿相应的几何参数，利用不同时刻拍摄的定标场或验证场区域 SAR 数据，验证几何定标后的 SAR 影像几何定位精度。

3.3.2　星载 SAR 几何定标场

高精度地面控制点是星载 SAR 几何定标的关键。通常情况下，作为控制点的地面参照物主要有人工角反射器。

由于人工角反射器在 SAR 图像上形成很强的亮度区，易于准确获取像点中心坐标，通常可作为高精度地面控制点用于星载 SAR 的几何定标。但是，人工布设角反射器需要大量的人力、物力和财力，很难实现 SAR 卫星系统性能的长期监测、周期性定标和更新定标参数等业务化运行工作。随着 SAR 卫星寿命的延长和对 SAR 影像应用范围及深度的拓展，对 SAR 卫星影像质量的要求越来越高，因此，对自动化、常态化的 SAR 系统状态监测和周期性的定标需求越来越迫切。

针对常态化定标需求，设计研发一种自动角反射器设备，具备远程控制角反射器指向的功能，实现全天时全天候、无人值守的工作模式。同时，考虑角反射器的材料、形状、尺寸、加工误差以及指向精度等对雷达横截面（radar cross-section，RCS）的影响，确保角反射器点的成像效果；通过对整个装置的结构、角反射器顶点坐标的动态补偿以及角反射器法线的磁北方向补偿等进行精细设计，提高角反射器的定位位置精度；分析角反射器点的亮度特性，研究高精度角反射器点提取的算法。

1．自动角反射器设备设计与部署

1）总体设计

人工布设角反射器时，根据罗盘测量的角度，以角反射器顶点为中心调整方位角和俯仰角,使其法线方向与电磁波的入射方向保持一致。图 3.2 为角反射器的方位角和俯仰角示意图,三角体 $O-ABC$ 为角反射器,E 为底座边的中点,$\angle EOB$ 为俯仰角,$\angle FOG$ 为方位角。实际上就是对角反射器进行水平方向和垂直方向的转动。根据这种思路,设计研制一种可远程控制的常态化定标设备——自动角反射器,固定安装于地面,能够根据远程短信指令自动调整姿态对准 SAR 卫星的照射方向,实现无人值守,如图 3.3 所示。

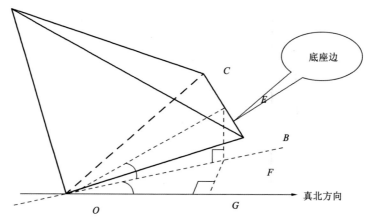

图 3.2　　角反射器方位角和俯仰角示意图

图 3.3　　自动角反射器设备实地效果图

　　　自动角反射器设备主要包括硬件和软件两个部分。主要硬件有:高精度三角反射器、伺服传动系统、工控机、远程终端控制系统（remote terminal unit,RTU）模块、全球定位系统（global positioning system,GPS）模块、电子罗盘、远程服务器、太阳能和风能协同供电系统、天线罩等。软件有:方位角和俯仰角计算软件、角反射器顶点坐标补偿软件以及 Web 形式的远程控制监测平台软件。

　　　设备整体结构设计图,如图 3.4 所示。

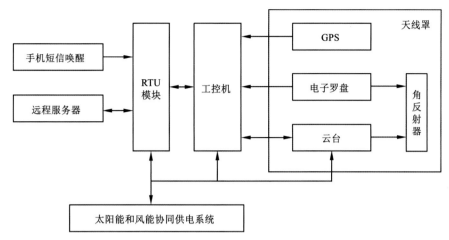

图 3.4　设备整体结构设计图

运行过程：首先利用网络唤醒功能，使太阳能与风能协同供电系统为 RTU 模块供电，进而通过远程控制监测平台为工控机和云台等整个系统供电。通电后，对系统的硬件进行全方位自检，进入正常的工作状态。根据 SAR 卫星轨道倾角、入射角以及当地的纬度，计算出卫星过境时角反射器的方位角和俯仰角，进而计算出相应的云台系统方位角和俯仰角。然后，将这些指令信息通过远端服务器发送给终端，RTU 模块天线接收到信号后，解译信号给工控机，控制云台带动角反射器转动，使角反射器的法线对准 SAR 卫星的雷达波束方向。

2）硬件参数设计

（I）高精度角反射器

在 SAR 影像上，角反射器具有很大的反射强度和很高质量的相位，反射强度的大小和相位的质量主要由 RCS 来决定，角反射器的 RCS 直接影响定标精度。角反射器的 RCS 与其材料、形状（赵俊娟 等，2013；张婷 等，2010；莫锦军 等，1999）、尺寸（谌华，2006；袁孝康，1998b）等有关，且角反射器加工制作中的误差也会造成 RCS 误差（田忠明 等，2011；张婷 等，2010；姜山 等，2006）。

角反射器的设计尺寸主要与 SAR 卫星的波长、分辨率等参数相关。角反射器信杂比是角反射器尺寸设计的关键因素，其计算公式如下：

$$\text{角反射器信杂比（dB）} = \text{角反射器RCS（dB）} - 10\log（\text{分辨率} \times \text{分辨率}） \\ - \text{背景后向散射系数（dB）} \tag{3.4}$$

角反射器信杂比一般要求大于 25 dB。在背景均匀的情况下，可假设背景后向散射系数较小，这里设为 −5 dB。可以得到 RCS 与影像分辨率之间的关系，即

$$\sigma = \frac{4\pi a^4}{3\lambda^2} = \frac{16\pi b^4}{3\lambda^2} \tag{3.5}$$

式中：a 为角反射器斜边长；b 为角反射器直角边长；λ 为雷达波长。

针对几种典型 SAR 系统的分辨率和波长，根据式（3.4）和式（3.5）可知，所需的角反射器 RCS 和直角边长的参数信息如表 3.1 所示。

表 3.1　不同分辨率和波长对角反射器的尺寸需求

分辨率/m	RCS/dB		波长/m	直角边长/m
0.1	10	L	0.15~0.30	0.191~0.271
		S	0.075~0.150	0.135~0.191
		C	0.037 5~0.075 0	0.096~0.135
		X	0.025 0~0.037 5	0.078~0.096
		Ka	0.007 49~0.011 30	0.043~0.053
0.3	19.54	L	0.15~0.30	0.332~0.469
		S	0.075~0.150	0.234~0.332
		C	0.037 5~0.075 0	0.166~0.234
		X	0.025 0~0.037 5	0.135~0.166
		Ka	0.007 49~0.011 30	0.074~0.091
0.5	28.49	L	0.15~0.30	0.555~0.785
		S	0.075~0.150	0.392~0.555
		C	0.037 5~0.075 0	0.277~0.392
		X	0.025 0~0.037 5	0.227~0.277
		Ka	0.007 49~0.011 30	0.124~0.152
1	30	L	0.15~0.30	0.605~0.856
		S	0.075~0.150	0.428~0.605
		C	0.037 5~0.075 0	0.303~0.428
		X	0.025 0~0.037 5	0.247~0.303
		Ka	0.007 49~0.011 30	0.135~0.166
3	39.54	L	0.15~0.30	1.048~1.483
		S	0.075~0.150	0.741~1.048
		C	0.037 5~0.075 0	0.524~0.741
		X	0.025 0~0.037 5	0.428~0.524
		Ka	0.007 49~0.011 30	0.234~0.288
5	43.98	L	0.15~0.30	1.354~1.914
		S	0.075~0.150	0.957~1.354
		C	0.037 5~0.075 0	0.677~0.957
		X	0.025 0~0.037 5	0.553~0.677
		Ka	0.007 49~0.011 30	0.302~0.372
10	50	L	0.15~0.30	1.914~2.707
		S	0.075~0.150	1.354~1.914
		C	0.037 5~0.075 0	0.957~1.354
		X	0.025 0~0.037 5	0.782~0.957

分辨率/m	RCS/dB		波长/m	直角边长/m
10	50	Ka	0.007 49～0.011 30	0.428～0.525
25	57.96	L	0.15～0.30	3.027～4.281
		S	0.075～0.150	2.140～3.027
		C	0.037 5～0.075 0	1.513～2.140
		X	0.025 0～0.037 5	1.236～1.513
		Ka	0.007 49～0.011 30	0.676～0.831

考虑目前在轨运行的优于 3 m 分辨率的 X 和 C 波段的卫星,直角边为 1 m 的角反射器可以满足几何定标需求。从表 3.1 可以看出,1 m 直角边的角反射器,可以满足优于 3 m 分辨率的 L 波段 SAR 卫星、优于 3 m 分辨率的 S 波段 SAR 卫星、优于 10 m 分辨率的 C 波段和 X 波段 SAR 卫星、优于 25 m 分辨率的 Ka 波段 SAR 卫星;1.5 m 直角边的角反射器,可以满足优于 10 m 分辨率的 S 波段 SAR 卫星、优于 25 m 分辨率的 C 波段和 X 波段 SAR 卫星、优于 25 m 分辨率的 Ka 波段 SAR 卫星。

(Ⅱ)伺服传动系统

伺服传动系统主要由两个电机组成,电机接收到控制器的信号,分别负责水平和垂直方向的转动,其指向误差将导致雷达波的入射角偏离最大 RCS 方向。

调整角反射器姿态,主要是水平方向和垂直方向的转动。对于水平方向的转动,为了满足不同轨道倾角 SAR 卫星的常态化定标需求,自动角反射器应可以实现 360°水平方向连续旋转;对于垂直方向的转动,一般 SAR 卫星的入射角为 10°～60°,那么角反射器的法线方向与水平面的夹角需满足 30°～80°。其中,角反射器法线方向与底面存在固定夹角(约为 35.27°),加上角反射器的底面与水平方向的设计安装夹角,可以推算出伺服传动系统所需的垂直旋转角度范围。

电磁波入射方向偏离角反射器法线方向越大,RCS 下降的越多,其中俯仰角的变化对 RCS 的影响比较敏感。以边长为 10λ 的角反射器为例,当俯仰角和方位角偏差均为 1°时,RCS 的误差小于 0.15 dB;当俯仰角和方位角偏差均为 0.5°时,RCS 的误差小于 0.05 dB(张婷 等,2010)。

人工布设角反射器的指向精度控制在 1°左右是比较容易的,可以满足 SAR 几何定标等需求。目前,伺服传动系统的指向精度可以达到 0.01°,可降低电磁波入射方向偏离角反射器法线方向对 RCS 的影响。

(Ⅲ)天线罩

为了实现远程控制、无人值守的工作模式,角反射器经常露天将会受到自然界中风雨、冰雪、沙尘以及太阳辐射等的侵袭,致使角反射器的精度降低、寿命缩短。

天线罩采用玻璃钢材质的球形结构,具有良好的电磁辐射透过性能,在结构上能经受外部恶劣环境的作用,起到重要的防护作用。天线罩不仅可以保护自动角反射器系统免受风雨、冰雪、沙尘和太阳辐射等的影响,使自动角反射器系统工作性能比较稳定可靠,还可以同时减轻角反射器的磨损、腐蚀和老化、风负荷和风力矩,延长使用寿命可以消除减小转动角反射器的驱动功率。

以 1 m 直角边的自动角反射器为例,根据其最大转动范围,天线罩可以采用 3 m 直径的半球状(图 3.5)。为了尽量减少天线罩对电磁波的干扰,采用高强环氧乙烯基树脂材料,要求天线罩外表面平滑光亮、无气泡、针眼、龟裂、胶衣剥落缺陷及杂色,达到双程损耗≤0.4 dB、天线罩间的相对损耗误差≤0.15 dB 的要求,并具有设备检查舱门,以便日常勤务检查、设备维修、更换角反射器,适应不同定标任务。

图 3.5　天线罩设计效果图

3)软件算法设计

关于方位角和俯仰角计算软件的实现算法,详细见文献杨成生等(2008)。下面主要介绍角反射器顶点坐标补偿软件的实现算法。

角反射器由于结构特点,产生角反射效应,将入射的雷达波束经过几次反射后,以与入射平行的方向返回,如图 3.6 所示。

由于角反射器法线方向的后向散射能力最强,且稳定,通常将角反射器的法线方向与雷达波束的入射方向保持一致,以便在 SAR 影像中清晰地识别角反射器点,用于几何定标工作。其中,角反射器的法线方向是角反射器顶点 O 与三角面 ABC 中心的连线方向。由于星载 SAR 系统位于角反射器的远场,雷达波束可以近似认为是平行照射角反射器,如图 3.7 所示。与角反射器法线方向相同的雷达入射波束,经角反射器反射后沿原路径返回,此时的后向散射能量最强;其余方向的雷达入射波束,经角反射器多次反射后,沿与入射平行的方向返回,后向散射能量随偏离法线方向的距离增大而减弱。在 SAR 影像中,角反射器呈现的十字形亮点,且十字中心处的像素值最大,也是角反射器点的相位中心。

由此说明,角反射器的相位中心是雷达波束在角反射器的法线方向处反射而产生的,即角反射器的顶点就是相位中心。

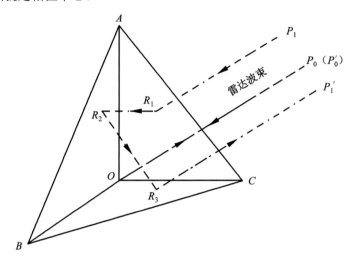

图 3.6 角反射器工作原理示意图

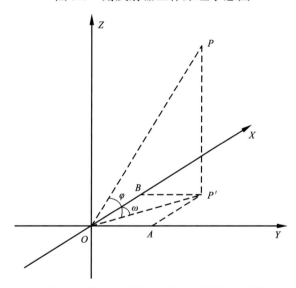

图 3.7 自动角反射器顶点坐标补偿示意图

实际防止角反射器时,很难准确地将角反射器的法线方向对准雷达波束入射方向,即波束方向 P_0O 与角反射器法线方向存在一定的角度偏差。但入射波束 P_0O 经角反射器反射后,沿原路返回,即 P_0O 与 $P_0'O$ 重合;其余入射波束(如 P_1R_1)经角反射器多次反射后,沿平行于入射方向 R_3P_1' 返回。此时,波束 P_0O 的后向散射能量较角反射器法线方向的后向散射能量弱,但相对于其他波束方向,后向散射能量仍是最强的。在 SAR 影像中,十字中心的最大像素值主要是波束 P_0O 方向贡献的,也就是说,角反射器顶点仍是相位中心。综上,SAR 影像中角反射器点的相位中心对应于角反射器的顶点,需要准确测量角反射器顶点坐标,作为 SAR 影像的控制点。

　　由于自动角反射器设备在水平和垂直方向上转动,其顶点位置会随着方位角和俯仰角的变化而变化。为了获取角反射器顶点的精确地面坐标,需要对角反射器顶点的坐标进行补偿修正。假设以云台垂直方向的转动轴中心为坐标系原点,以真北方向为坐标系的 X 轴,建立左手直角坐标系 O-XYZ,如图 3.7 所示。其中,P 为角反射器顶点,P' 为 P 在 XOY 平面的投影,$P'A$ 和 $P'B$ 分别为 P' 到 Y 轴和 X 轴的距离,ω 为点 P 的方位角,φ 为点 P 的俯仰角。

　　根据高斯投影的方法,将地面控制点 WGS-84 系下的大地坐标（Lat_0,Lon_0,H_0）转换成高斯平面坐标（x_0,y_0,H_0）。由此可知,坐标系原点坐标 O 为（x_0,y_0,H_0+h）,点 P 的高斯平面坐标为（$x_0+PO\times\cos\varphi$,$y_0\times\cos\varphi\times\sin\omega$,$H_0+h+PO\times\sin\varphi$）。再根据高斯投影关系,反算出点 P 在 WGS-84 系下的大地坐标（Lat_p,Lon_p,H_p）,即获得高精度角反射器顶点坐标。

　　4）自动角反射器设备的优化布设

　　自动角反射器设备的优化布设主要需要考虑布设环境、SAR 卫星的成像幅宽和 SAR 卫星的升降轨模式等。

　　对于自动角反射器设备的布设环境需求具体如下。

　　（1）自动角反射器设备应尽量安置在背景反射特性较弱的地方,远离可能发生透视收缩、阴影和叠掩等现象的地方,以便于在 SAR 影像中可以精确提取其位置。

　　（2）自动角反射器设备安装时应尽量远离容易产生多次反射的物体（如房角、雕塑、废弃建筑材料等）,一般要远于 500 m。

　　（3）自动角反射器设备安装时应尽量远离强反射物体（如电线塔、通信塔等）;如非要在其附近安装,尽量将自动角反射器设备与强反射体之间保持南北方向进行安装。

　　（4）降低设备底座等其他部件对雷达信号后向散射的影响。

　　（5）交通便利,通信信号好。

　　（6）最好有气象观测台,气象参数易于收集。

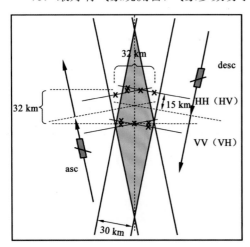

图 3.8　自动角反射器设备优化布设示意图
（Brautigam et al., 2007）

　　为了使有限的自动角反射器设备发挥最大的使用效率,考虑 SAR 卫星影像的成像幅宽和升降轨模式,参照 DLR 在德国建立定标场的设计模式（Brautigam et al., 2007）,如图 3.8 所示,进行自动角反射器设备的优化布设。

　　以 30 km 成像幅宽的 SAR 卫星为例,如图 3.8 所示,灰色重叠区域即为 SAR 卫星升降轨两次拍摄的相同区域。因此,在重叠区域布设 4～5 台自动角反射器,即可满足 SAR 卫星无论是升轨模式还是降轨模式拍摄该地区,每景 SAR 影像均可获得至少 4 个控制点以满足几何定标的需求。

2. 角反射器点像点坐标高精度提取算法

角反射器在几何检校场正确安装后,就需要在影像上精确提取角反射器的位置。由于 SAR 几何定标的前提是坐标精确已知的地面角反射器的支持,核心是地面角反射器在 SAR 影像上位置的精确获取。

地面角反射器的大地坐标及其对应在 SAR 影像上像点坐标能否准确快速获取直接影响着星载 SAR 影像几何定标的精度。经典的角反射器对应像点位置获取方式大多数情况下是通过人工目视解译采集,然而 SAR 影像受制于分辨率等的限制,人工难以精确提取角反射器像点位置。

在分析角反射器在 SAR 图像上的辐射特性基础上,采用质心法亚像元提取 SAR 影像上角反射器像点坐标。

1) 角反射器点特性分析

当雷达波的入射方向保持最佳的夹角,其反射强度通常远大于周围物体的反射;角反射器大部分是用金属材料制成,可以看作一个点状目标的人造永久散射体,如图 3.9 所示。

如图 3.9 所示,角反射器所在位置的亮度值远远大于周边环境亮度值,而且常能对周边 8-邻域的像素值都有一定的影响。其中心最亮点周边 8-邻域和 24-邻域范围像素值如图 3.10 所示。

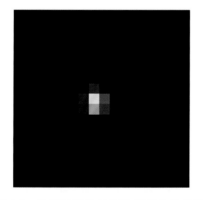

80	175	159	73	154
54	519	1 705	923	172
74	1 518	4 505	2 361	219
55	1 250	3 626	1 890	207
61	256	561	348	167

图 3.9　角反射器点在 SAR 影像上的效果　　　　图 3.10　角反射器点邻域像素值

在 SAR 影像中,角反射器呈现的是 SAR 系统的脉冲响应函数特征,即典型的 sinc() 函数形状。角反射器点在 SAR 影像中提取精度可以表示为(Eineder et al., 2011;Bamler et al., 2005)

$$\sigma_{\text{point}} = \frac{\sqrt{3}}{\pi}\frac{1}{\sqrt{\text{SCR}}} \approx \frac{0.55}{\sqrt{\text{SCR}}} \tag{3.6}$$

式中:SCR 为信号与背景杂波(包括噪声)的功率比;提取精度 σ_{point} 的单位是像素。角反射器的后向散射功率主要取决于角反射器大小、形状、材料、加工误差、雷达波长和波束入射角度(相对于角反射器的方位角和俯仰角)等,而背景杂波主要取决于角反射器周围的地表粗糙程度。

2) 角反射器点坐标提取

通过构造一个尽可能精确反映目标区域像素灰度值位置和目标像点的质心位置之间关系的数学模型,从而实现对像点位置的精确估计。为了提高求得的质心位置的精度,需要将图像进行细分,通过对图像各点的灰度值的插值,得到插值曲线,求得细分后各点的灰度值。根据不同的精度要求,图像细分比例可取 0.1、0.01、0.001 等。算法具体步骤如下。

(1) 通过 SAR 图像间接定位模型,由地面大地坐标计算其对应的 SAR 图像上像点坐标。

(2) 在步骤 (1) 中计算的行列号附近区域 (如 10×10 像素),寻找在此区域像素灰度值最大的亮点,人工目视判读,比较周围地物,确定该点是否为角反射器在 SAR 图像上的粗略位置,确定角反射器的概略位置。

(3) 以步骤 (2) 中的概略位置所对应像素值为中心,选取一邻域 (例如选取 5×5 领域) 为目标区。

(4) 对该目标区内每一像素进行细分,细分尺寸根据不同的精度要求可以是 10×10 或 100×100 或 1 000×1 000,当细分尺寸为 10×10 时,插值点步长为 0.1,它的精度即可达到 0.1 个像素。

(5) 计算图像回波强度质心。在计算质心时,采用逐行分析计算,取平均值法计算质心,其实现原理为:对目标区域,逐行对像素图像 (行列都以细分后单位为基准,如细分尺寸为 100×100,则行列基本单位为原图像的 0.01,即 0.01 行/列) 进行处理 (包括插值、图像分割、质心计算等),并求出每一行的质心坐标和平均灰度值,质心坐标也就是 X 轴方向坐标,最后将每一行的 (取决于图像的高度) 质心坐标求平均值,即得原图像质心位移。

求每一行质心的坐标公式为

$$X_c = \frac{\sum\limits_{k=1}^{n} x_k I_k + \sum\limits_{u=1}^{m} x_u f(u)}{\sum\limits_{k=1}^{n} I_k + \sum\limits_{u=1}^{m} x_u f(u)} \tag{3.7}$$

式中:n 为被插值点的个数;m 为细分后点的个数;I_k 为被插值点的灰度值;$f(u)$ 为细分后点的值。

然后,以每一行质心坐标和对应灰度值为参数,求整个目标区的质心公式为

$$\begin{cases} X_c = \dfrac{\sum\limits_{u=1}^{m} \overline{x_u} \, \overline{f(u)}}{\sum\limits_{u=1}^{m} \overline{f(u)}} \\[4mm] Y_c = \dfrac{\sum\limits_{u=1}^{m} \overline{y_u} \, \overline{f(u)}}{\sum\limits_{u=1}^{m} \overline{f(u)}} \end{cases} \tag{3.8}$$

式中：$\bar{x}_u$ 为每一行质心坐标；$\overline{f(u)}$ 为对应平均灰度值。

计算得到的 $(X_c，Y_c)$ 即为目标区域的质心，也即角反射器对应的图像像素坐标。

3.3.3　遥感 13A 场地几何定标实验

利用遥感 13A 数据，进行以下两项实验。①采用几何定标方法，对遥感 13A SAR 卫星数据进行几何定标，并验证定标后的几何定位精度。②根据基于不同数量控制点的遥感 13A SAR 卫星数据的几何定标结果，分析控制点数量对几何定标精度的影响。

1.　实验数据

采集的遥感 13A SAR 影像数据详细信息，如表 3.2 所示。采用 33 景河南嵩山定标场地区和 14 景精度验证场地区（山西太原、河北安平、湖北咸宁、天津）的遥感 13A 数据分别进行几何定标和精度验证。其中，条带模式数据 28 景，用于几何定标的嵩山定标场影像 22 景、用于精度验证的验证场影像 6 景；滑动聚束模式数据 19 景，用于几何定标的嵩山定标场影像 11 景、用于精度验证的验证场影像 8 景。数据采集从 2015 年 12 月 28 日～2016 年 5 月 29 日。

2.　几何定标精度分析与精度验证

基于嵩山定标场的样本数据，首先对方位向起始时间和距离向起始斜距进行几何定标参数解算。然后，根据多次标定后的定标结果（即方位向起始时间、距离向起始斜距）和待验证影像的大气延迟改正信息，补偿验证景影像的几何参数后，再对验证景影像进行重新成像。最后，对验证景数据进行几何定位精度评价。

表 3.2　遥感 13A 数据信息统计表

成像模式	时宽带宽组合	成像日期	成像区域	影像数量
条带模式	24.4 μs & 200 MHz	2015.12.28～2016.03.29	河南嵩山	11
		2016.05.28	山西太原	1
		2016.05.29	天津	1
	24.4 μs & 150 MHz	2015.12.29～2016.04.02	河南嵩山	11
		2016.06.01	山西太原	1
		2016.06.09	河北安平	1
		2016.06.10	天津	1
		2016.06.12	湖北咸宁	1
滑动聚束模式	29.2 μs & 600 MHz	2015.12.18～2016.01.10	河南嵩山	3
		2016.05.21	湖北咸宁	1
		2016.05.22	天津	1
	29.2 μs & 512 MHz	2015.12.11～2016.01.11	河南嵩山	4
		2016.05.27	湖北咸宁	1
		2016.06.04	天津	1

续表

成像模式	时宽带宽组合	成像日期	成像区域	影像数量
滑动聚束模式	24 μs & 300 MHz	2016.02.27～2016.04.09	河南嵩山	2
		2016.05.28	天津	1
		2016.06.04	山西太原	1
	28 μs & 300 MHz	2016.03.14～2016.03.24	河南嵩山	2
		2016.05.29	山西太原	1
		2016.05.30	河北安平	1

利用星载 SAR 几何定标方法，遥感 13A 条带模式两个组合（24.4 μs & 150 MHz 和 24.4 μs & 200 MHz）的 22 景嵩山定标场 SAR 影像数据的几何定标参数，随时间变化趋势如图 3.11 和图 3.12 所示。

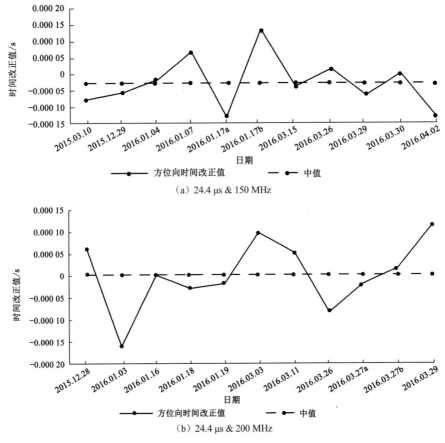

（a）24.4 μs & 150 MHz

（b）24.4 μs & 200 MHz

图 3.11　方位向时间改正值变化趋势

从图 3.11 和图 3.12 可以看出，方位向时间改正值的变化量不超过 1 ms，初始斜距改正值的变化量不超过 2 m，初始斜距改正值的中误差分别为 0.609 4 m、0.608 8 m，几何定标参数稳定。

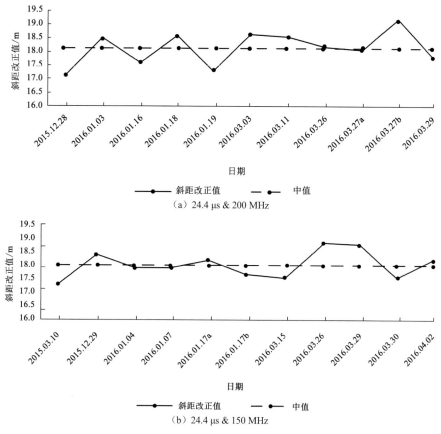

图 3.12　距离向斜距改正值变化趋势

根据每个时宽带宽组合模式标定的几何定标参数,补偿验证景的几何参数,评价标定后的几何定位精度,结果如图 3.13 所示。

表 3.3　几何定标参数补偿前后的几何定位精度对比

时宽带宽组合	成像时间和区域	几何定位精度	方位向/像素	距离向/像素	平面	
					/像素	/m
24.4 μs & 200 MHz	2016.05.28 山西太原	定标前	2.483	24.871	24.995	15.085
		定标后	2.482	0.513	2.534	2.329
	2016.05.29 天津	定标前	0.528	24.733	24.739	14.837
		定标后	0.528	0.714	0.888	0.878
24.4 μs & 150 MHz	2016.06.01 山西太原	定标前	2.883	14.729	15.009	12.873
		定标后	2.882	1.428	3.217	2.932
	2016.06.09 河北安平	定标前	1.609	15.561	15.644	13.421
		定标后	1.609	0.347	1.646	1.615
	2016.06.10 天津	定标前	1.330	16.979	17.031	14.594
		定标后	1.330	0.883	1.596	1.536

续表

时宽带宽组合	成像时间和区域	几何定位精度	方位向/像素	距离向/像素	平面	
					/像素	/m
24.4 μs & 150 MHz	2016.06.12 湖北咸宁	定标前	0.703	17.052	17.066	14.620
		定标后	0.704	1.100	1.306	1.347
29.2 μs & 600 MHz	2016.05.21 湖北咸宁	定标前	4.018	78.510	78.613	16.828
		定标后	4.021	5.246	6.610	1.346
	2016.05.22 天津	定标前	4.685	82.899	83.032	17.772
		定标后	4.685	4.545	6.528	1.301
29.2 μs & 512 MHz	2016.05.27 湖北咸宁	定标前	1.365	55.105	55.122	13.769
		定标后	1.365	3.718	3.961	0.971
	2016.06.04 天津	定标前	3.717	59.625	59.741	14.916
		定标后	3.716	1.486	4.002	0.890
28 μs & 300 MHz	2016.05.29 山西太原	定标前	2.143	43.396	43.449	18.599
		定标后	2.133	1.812	2.799	1.056
	2016.05.30 河北安平	定标前	1.100	39.698	39.714	17.006
		定标后	1.100	1.533	1.887	1.319
24 μs & 300 MH	2016.05.28 天津	定标前	0.357	33.836	33.838	14.491
		定标后	0.342	1.471	1.510	0.640
	2016.06.04 山西太原	定标前	1.659	34.427	34.467	14.755
		定标后	1.661	0.332	1.694	0.598

从表 3.3 可以看出,遥感 13A SAR 影像经过几何定标参数补偿后,条带模式的几何定位精度优于 3 m,滑动聚束模式的几何定位精度优于 1.5 m。

3. 控制点数量对几何定标精度的影响分析

为了分析控制点数量对星载 SAR 几何定标精度的影响,分别采用不同个数的控制点进行几何定标实验,几何定位精度对比结果如图 3.13 所示。

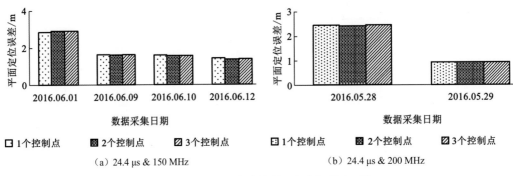

（a）24.4 μs & 150 MHz　　　　　　　　（b）24.4 μs & 200 MHz

图 3.13　不同控制点个数的几何定标精度对比

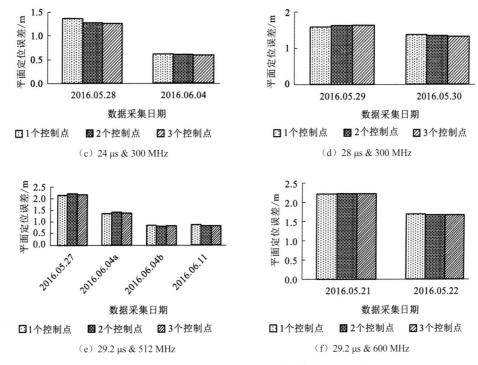

图 3.13　不同控制点个数的几何定标精度对比（续）

由图 3.13 可知,采用不同个数的地面控制点分别对遥感 13A SAR 卫星进行几何定标,标定后其几何定位精度的差值均在厘米量级范围内,说明控制点个数对星载 SAR 几何定标精度基本没有影响,也就是说采用 1 个高精度地面控制点即可实现高精度的星载 SAR 几何定标。

4. 时宽带宽组合对几何定标的影响

为了对比分析所提方法与经典方法的差异,采用河南嵩山定标场地区的遥感 13A 数据进行实验分析。数据采集从 2015 年 12 月 28 日～2016 年 5 月 29 日。

每个时宽带宽组合的系统时延存在差异性,为了验证几何定标方案的必要性,进行不同时宽带宽组合之间相互标定补偿实验。根据其中一个时宽带宽组合的几何定标参数,补偿其余时宽带宽组合 SAR 影像的几何参数,然后评价这种补偿方法的 SAR 影像几何定位精度,结果对比如图 3.14 所示。

图 3.14 中的参考值平均值（黑色实填充的柱体）为利用顾及信号时宽带宽的高精度几何定标结果,其余形状填充的柱体表示利用图例所示的时宽带宽组合标定的几何定标参数,补偿坐标系横轴所示时宽带宽组合的 SAR 影像后的几何定标结果。通过对比图可以看出,不考虑信号时宽带宽组合的情况下,遥感 13A SAR 影像的几何定标结果均比所提方法的几何定标结果差,最大平面定位误差将近 6 m;然而所提方法的几何定标结果均优于 2 m。由此说明,提出考虑雷达信号时宽带宽组合的几何定标方案是必要的。

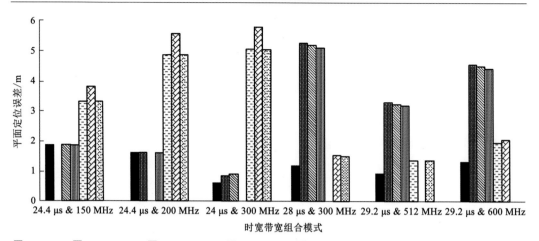

图 3.14　信号时宽带宽组合影响几何定标结果的对比

5. 大气传播延迟对几何定标的影响

雷达信号的大气传播延迟主要影响星载 SAR 系统的斜距测量精度,也就是影响几何定标参数中的距离向初始斜距改正值。

在不考虑大气传播延迟影响的情况下,遥感 13A 条带模式两个组合 (24.4 μs & 200 MHz 和 24.4 μs & 150 MHz) 的 22 景嵩山定标场 SAR 影像数据的距离向初始斜距改正值,随时间的变化如图 3.15 所示。利用星载 SAR 几何定标方法,在考虑大气传播延迟影响的情况下,遥感 13A 条带模式两个组合 (24.4 μs & 200 MHz 和 24.4 μs & 150 MHz) 的 22 景嵩山定标场 SAR 影像数据的距离向初始斜距改正值,随时间变化趋势如图 3.16 所示。

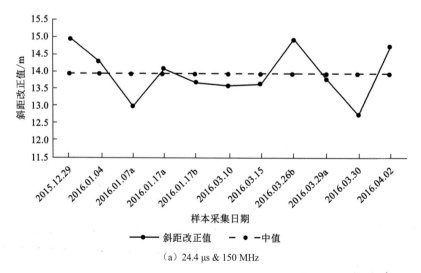

（a）24.4 μs & 150 MHz

图 3.15　未考虑大气传播延迟影响时距离向斜距改正值变化趋势

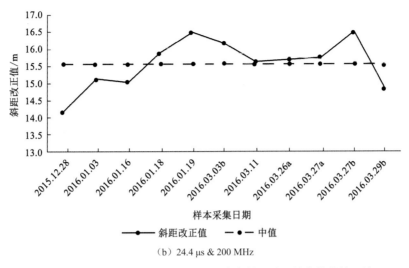

（b）24.4 μs & 200 MHz

图 3.15 未考虑大气传播延迟影响时距离向斜距改正值变化趋势（续）

由图 3.15 和图 3.16 可以看出，在不考虑大气传播延迟影响的情况下，初始斜距改正值的变化范围均超出 2 m，且时宽带宽组为 24.4 μs & 150 MHz 的初始斜距改正值中误

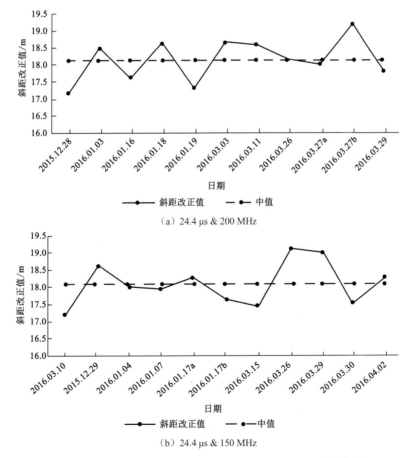

图 3.16 考虑大气传播延迟影响时距离向斜距改正值变化趋势

差为 0.709 m，时宽带宽组合为 24.4 μs & 200 MHz 的初始斜距改正值中误差为 0.688 m；在考虑大气传播延迟影响的情况下，初始斜距改正值的变化量均未超过 2 m，初始斜距改正值的中误差分别为 0.609 4 m、0.608 8 m，相比之下初始斜距改正精度均有所提升，说明几何定标参数的变化趋势相对稳定。由此说明，顾及大气传播延迟的星载 SAR 几何定标方法是有效性的。

3.3.4　高分三号场地几何定标实验

针对高分三号卫星的 2 种成像模式（精细条带 1 和全极化条带 1）、4 个时宽带宽组合（24.99 μs & 50 MHz、30 μs & 50 MHz、24.99 μs & 30 MHz、24.99 μs & 40 MHz），利用四个地面控制区域（河北省安平县、内蒙古托克托县、河南省登封市、湖北省咸宁市）进行了几何定标与精度验证实验。其中，河南省登封市采用自动角反射器作为地面控制点，内蒙古托克托县、河南省登封市、湖北省咸宁市采用 GPS 外业测量的地面特征点作为控制点。

1. 实验数据

实验数据采用 5 m 分辨率（精细条带 1，FSM_I）和 8 m 分辨率（全极化条带 1，FPSM_I）的高分三号 SAR 卫星影像数据，采集时间为 2017 年 1 月 11 日～2017 年 6 月 10 日。为了验证高分三号 SAR 卫星几何定位精度提升的有效性，采用河北省安平县、内蒙古托克托县、河南省登封市、湖北省咸宁市的高分三号 SAR 影像数据和地面控制点数据进行精度验证和评价。高分三号 SAR 影像数据信息如表 3.4 所示。

表 3.4　实验区高分三号卫星影像信息

成像模式	时宽和带宽	成像时间	成像区域	影像数量	影像 ID	GCP 数量
FSM_I （5 m 分辨率）	24.99 μs & 50 MHz	2017.01.11	托克托县	2	NM-0111-1	8
					NM-0111-2	2
		2017.01.11	登封市	1	DF-0111	3
		2017.01.11	咸宁市	2	XN-0111-1	14
					XN-0111-2	7
		2017.01.23	托克托县	1	NM-0123	5
FSM_I （5 m 分辨率）	30 μs & 50 MHz	2017.01.23	咸宁市	2	XN-0123-1	2
					XN-0123-2	11
FPSM_I （8 m 分辨率）	24.99 μs & 30 MHz	2017.03.06	安平县	1	AP-0306	2
		2017.03.10	咸宁市	1	XN-0310	3
		2017.03.06	咸宁市	3	XN-0306-1	5
					XN-0306-2	8
					XN-0306-3	6
	24.99 μs & 40 MHz	2017.02.20	托克托县	2	NM-0220-1	4
					NM-0220-2	2

续表

成像模式	时宽和带宽	成像时间	成像区域	影像数量	影像 ID	GCP 数量
FPSM_I （8 m 分辨率）	24.99 μs & 40 MHz	2017.04.01	托克托县	1	NM-0401	3
		2017.05.01	托克托县	3	NM-0524-1	3
					NM-0524-2	11
					NM-0524-3	3
		2017.06.10	托克托县	2	NM-0610-1	5
					NM-0610-2	6
		2017.04.01	登封市	1	DF-0401	2
		2017.04.01	咸宁市	2	XN-0401-1	7
					XN-0401-2	4
		2017.04.30	咸宁市	2	XN-0430-1	1
					XN-0430-2	1
		2017.05.29	咸宁市	1	XN-0529	1

2. 大气传播延迟影响分析

根据 NCEP 和 CODE 的外部辅助数据，对高分三号影像内的控制点逐一计算大气传播延迟改正值，改正值的平均值和最大差值统计结果如图 3.17 所示。

改正值的最大差值是一景高分三号影像内所有控制点的大气传播延迟改正值的最大值与最小值之差，最大差值的最大值是 0.446 m，表明具有不同成像时间和地区的大气传播延迟改正值也是不同的。由此可见，通过逐个控制点进行大气传播延迟改正，几何定位精度可以提升近 0.5 m。在图 3.17 中，改正值的平均值是一景高分三号影像内所有控制点的大气传播延迟改正值的平均值，平均值的最大差值是 1.184 m，表明具有不同空间分布的控制点的大气传播延迟改正值是不同的。由此可见，通过逐个 SAR 影像进行大气传播延迟改正，几何定位精度可以提升约 1 m。总之，通过每景 SAR 影像、逐个控制点进行大气传播延迟改正，可以提升几何定位精度。

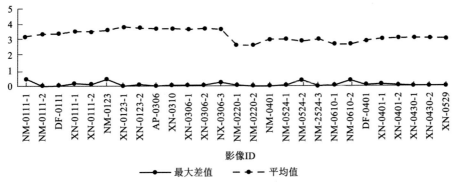

图 3.17　大气传播延迟改正值的变化

3. 控制点精度分析

高分三号 SAR 影像的单景定标结果，如表 3.5 所示。

表 3.5　高分三号单景定标结果

成像模式	时宽和带宽	影像 ID	行/像素	列/像素	2-D/像素
FSM_I（5 m 分辨率）	24.99 µs & 50 MHz	NM-0111-1	0.122	0.308	0.331
		NM-0111-2	0.091	0.179	0.201
		DF-0111	0.014	0.168	0.169
		XN-0111-1	0.121	0.353	0.373
		XN-0111-2	0.070	0.332	0.339
	30 µs & 50 MHz	NM-0123	0.114	0.170	0.205
		XN-0123-1	0.052	0.216	0.222
		XN-0123-2	0.189	0.437	0.476
FPSM_I（8 m 分辨率）	24.99 µs & 30 MHz	AP-0306	0.118	0.071	0.138
		XN-0310	0.079	0.359	0.367
		XN-0306-1	0.116	0.346	0.365
		XN-0306-2	0.150	0.192	0.243
		XN-0306-3	0.163	0.221	0.275
FPSM_I（8 m 分辨率）	24.99 µs & 40 MHz	NM-0220-1	0.064	0.253	0.261
		NM-0220-2	0.175	0.013	0.176
		NM-0401	0.343	0.102	0.358
		NM-0524-1	0.025	0.156	0.157
		NM-0524-2	0.086	0.233	0.249
		NM-0524-3	0.115	0.103	0.155
		NM-0610-1	0.086	0.240	0.255
		NM-0610-2	0.140	0.210	0.253
		DF-0401	0.073	0.008	0.074
		XN-0401-1	0.118	0.186	0.220
		XN-0401-2	0.144	0.360	0.388

从表 3.5 的结果可以看出，由于登封市的地面控制点是高精度自动角反射器，该地区 SAR 影像在单景几何定标后的几何定位精度相对较高，最高可达 0.074 m。然而，其他地区选择典型地物特征点作为控制点，故单景几何定标后的几何定位精度相对较低，由于斑点噪声、影像分辨率和信噪比等因素的影响，造成在选取典型地物特征作为控制点时存在一定的选点误差。

4. 几何定标结果分析

针对高分三号的 24.99 µs & 40 MHz 时宽带宽组合，利用 13 景 SAR 影像的几何定标参数结果分析高分三号 SAR 卫星影像的系统误差，如图 3.18 和图 3.19 所示。

由图 3.18 可知，斜距改正值的最大差值为 2.811 m，均方根误差为 0.843 m。由于距离向的像素间隔约为 2.25 m，所以在像素尺度上斜距改正值的最大差值为 1.25 像素，均方根误差为 0.37 像素。由图 3.19 可知，方位向时间改正值的最大差值为 0.000 465 751 s，均方根误差为 0.000 113 152 s。由于方位向的等效 PRF 约为 1 216 Hz，在像素尺度上方位向时间改正值的最大差值为 0.57 像素，均方根误差为 0.14 像素。结果表明，斜距改正值和方位向时间改正值的变化趋势基本稳定。

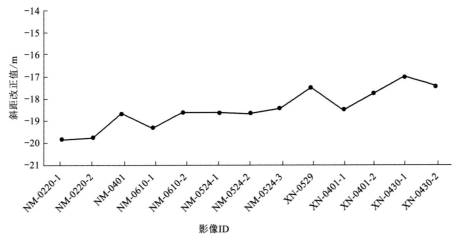

图 3.18　斜距改正值的变化

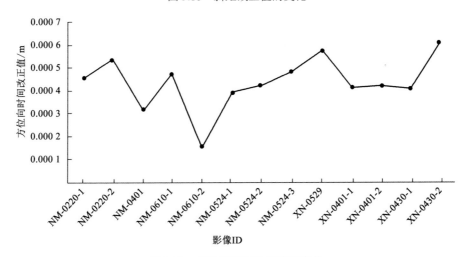

图 3.19　方位向时间改正值的变化

　　针对实验区的高分三号 SAR 卫星影像数据，开展四组几何定标试验与精度验证。①针对 24.99 μs & 50 MHz 组合，以河南省登封市的高分三号 SAR 卫星影像数据作为定标数据，将求解的固定系统误差补偿内蒙古托克托县的高分三号 SAR 卫星影像数据；②针对 30 μs & 50 MHz 组合，以内蒙古托克托县的高分三号 SAR 卫星影像数据作为定标数据，将求解的固定系统误差补偿湖北省咸宁市的高分三号 SAR 卫星影像数据；③针对 24.99 μs & 30 MHz 组合，以湖北省咸宁市的高分三号 SAR 卫星影像数据作为定标数据，将求解的固定系统误差补偿河北省安平县的高分三号 SAR 卫星影像数据；④针对 24.99 μs & 40 MHz 组合，以湖北省咸宁市的高分三号 SAR 卫星影像数据作为定标数据，将求解的固定系统误差补偿内蒙古托克托县和河南省登封市的高分三号 SAR 卫星影像数据。精度验证结果如表 3.6 所示。

表 3.6　高分三号补偿几何定标参数前后的几何定位精度对比

成像模式	时宽和带宽	影像 ID	几何定标	方位向/像素	距离向/像素	2-D	
						/像素	/m
FSM_I（5 m 分辨率）	24.99 μs & 50 MHz	NM-0111-1	定标前	0.463	9.679	9.690	21.802
			定标后	0.176	1.217	1.230	2.781
		NM-0111-2	定标前	0.528	9.840	9.854	22.175
			定标后	0.106	1.121	1.126	2.537
FSM_I（5 m 分辨率）	30 μs & 50 MHz	XN-0123-1	定标前	0.432	10.452	10.461	23.540
			定标后	0.301	0.505	0.588	1.481
		XN-0123-2	定标前	0.525	9.940	9.954	22.412
			定标后	0.301	0.441	0.534	1.374
QPSM_I（8 m 分辨率）	24.99 μs & 30 MHz	AP-0306	定标前	0.655	5.211	5.252	23.663
			定标后	0.136	0.264	0.296	1.366
	24.99 μs & 40 MHz	NM-0220-1	定标前	0.549	9.997	10.013	22.686
			定标后	0.079	1.018	1.021	2.330
		NM-0220-2	定标前	0.677	9.983	10.007	22.763
			定标后	0.186	0.969	0.986	2.413
		NM-0401	定标前	0.531	9.628	9.643	21.824
			定标后	0.410	0.469	0.623	2.379
		NM-0524-1	定标前	0.482	9.613	9.625	21.778
			定标后	0.112	0.451	0.465	1.190
		NM-0524-2	定标前	0.520	9.599	9.613	21.774
			定标后	0.116	0.515	0.528	1.324
		NM-0524-3	定标前	0.597	9.546	9.564	21.717
			定标后	0.115	0.377	0.394	1.061
		NM-0610-1	定标前	0.584	9.817	9.834	22.208
			定标后	0.088	0.794	0.799	1.850
		NM-0610-2	定标前	0.228	9.507	9.510	21.413
			定标后	0.435	0.473	0.642	2.632

从表 3.6 的结果可以看出,经过几何定标后,高分三号的 FSM_I 模式和 QPSM_I 模式的最大几何定位误差分别为 2.871 m 和 2.632 m,几何定位精度稳定,高分三号 SAR 卫星的几何定位精度优于 3 m。另外,实验数据的成像时间范围大约是 5 个月,说明高分三号 SAR 卫星在此期间的几何定位性能相对稳定。

3.4　交叉几何定标

场地几何定标利用地面高精度控制数据精确标定星上成像几何参数,对卫星影像的无控制点几何定位精度提升具有重要意义,但在实际应用中暴露出如下问题:①场地几何定标依赖于几何定标场的高精度控制数据,只有当卫星成功获取到定标场区域影像才能进行几何定标,我国尚不具备全球联合建设定标场的条件,无法满足 SAR 卫星快速、常态化定标需求;②临时建设的几何定标场需要人工提前布设角反射器设备,成本高昂,代价太大。基于 SAR 系统的斜距成像特性,提出基于同名点约束的交叉几何定标方法,解决星载 SAR 几何定标对高精度地面控制数据的严重依赖。

3.4.1 交叉几何定标原理

图 3.20 所示为 Sat1、Sat2 卫星分别对同一地物点 T 成像,且分别成像于 SAR 影像的像元 t_1 和 t_2 处。假定 Sat1、Sat2 卫星的成像几何参数(包括测量的轨道、斜距和多普勒参数)准确无误,且地物点 S 高程已知,则根据几何定位模型进行计算,t_1 和 t_2 都应该定位于 T 所处的地面坐标;然而,利用卫星下传的真实数据,通常难以使 t_1 和 t_2 定位于地面同一点(图中红线 ΔS 所示偏差),这是因为:①几何模型参数误差的影响;②地面点 T 高程未知,成像角度差异产生投影差。

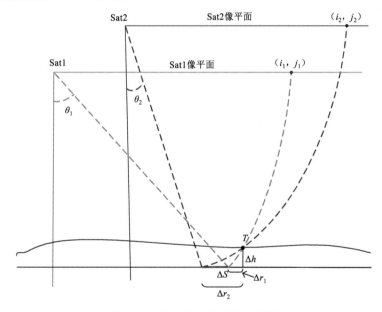

图 3.20 同名点两次成像示意图

图 3.20 中,仅考虑高程误差对同名点交会的影响,则

$$\Delta S = (\Delta h / \tan\theta_2) - (\Delta h / \tan\theta_1) \tag{3.9}$$

式中:θ_1 和 θ_2 分别为前后两次成像的入射角;Δh 为高程误差;显然,Δh 取决于几何定位时采用的地形数据(如全球公开的 SRTM-DEM 数据);因此,当 θ_1 和 θ_2 足够接近,即卫星以非常相近的入射角连续两次拍摄同一区域时,则可消除高程误差对同名点交会的影响。在此条件下,同名点交会仅受到几何模型参数误差的影响,可表示如下:

$$\Delta S_i = f_{sat1}(t_{1i}) - f_{sat2}(t_{2i}) \tag{3.10}$$

式中:f_{sat1}、f_{sat2} 分别为 Sat1、Sat2 两影像同名像元处的成像几何模型参数误差;现假定 Sat1 影像经过几何定标参数校正,即 $f_{sat1}=0$,则式(3.10)可写成

$$\Delta S_i = -f_{\mathrm{sat}2}(t_{2i}) \tag{3.11}$$

由式（3.11），可以通过同名点交会误差来标定 Sat2 影像的几何定位参数误差。

3.4.2 交叉几何定标模型

SAR 具有测距和测多普勒频率的能力。SAR 影像每个像素包含了 SAR 天线到目标的距离信息和天线与目标之间相对运动的多普勒信息，这些信息可以很精确地将影像像素坐标和目标地面位置通过距离多普勒方程相联系。如图 3.20 所示，在 Sat1/ Sat2 卫星成像几何参数准确无误的情况下，t_1 和 t_2 都应该定位于 T：

$$\begin{cases} \left| \boldsymbol{R}_{s_{\mathrm{sat}1}} - \boldsymbol{R}_t \right| = R_{\mathrm{sat}1} \\ \mathrm{Sat1:} f_{d_{\mathrm{sat}1}} = -\dfrac{2}{\lambda_{\mathrm{sat}1} R_{\mathrm{sat}1}} (\boldsymbol{V}_{s_{\mathrm{sat}1}} - \boldsymbol{V}_t) \cdot (\boldsymbol{R}_{s_{\mathrm{sat}1}} - \boldsymbol{R}_t) \\ \dfrac{x_t^2 + y_t^2}{(R_e + h_t)^2} + \dfrac{z_t^2}{R_p^2} = 1 \\ \left| \boldsymbol{R}_{s_{\mathrm{sat}2}} - \boldsymbol{R}_t \right| = R_{\mathrm{sat}2} \\ \mathrm{Sat2:} f_{d_{\mathrm{sat}2}} = -\dfrac{2}{\lambda_{\mathrm{sat}2} R_{\mathrm{sat}2}} (\boldsymbol{V}_{s_{\mathrm{sat}2}} - \boldsymbol{V}_t) \cdot (\boldsymbol{R}_{s_{\mathrm{sat}2}} - \boldsymbol{R}_t) \\ \dfrac{x_t^2 + y_t^2}{(R_e + h_t)^2} + \dfrac{z_t^2}{R_p^2} = 1 \end{cases} \tag{3.12}$$

式中：$\boldsymbol{R}_t = [x_t, \ y_t, \ z_t]^{\mathrm{T}}$ 为 SAR 影像目标 T 地面位置矢量；$\boldsymbol{R}_{s_{\mathrm{sat}1}} = [x_{s_{\mathrm{sat}1}}, \ y_{s_{\mathrm{sat}1}}, \ z_{s_{\mathrm{sat}1}}]^{\mathrm{T}}$ 为 Sat1 天线相位中心的位置矢量；$\boldsymbol{R}_{s_{\mathrm{sat}2}} = [x_{s_{\mathrm{sat}2}}, \ y_{s_{\mathrm{sat}2}}, \ z_{s_{\mathrm{sat}2}}]^{\mathrm{T}}$ 为 Sat2 天线相位中心的位置矢量；$\lambda_{\mathrm{sat}1}$ 为 Sat1 波长；$\lambda_{\mathrm{sat}2}$ 为 Sat2 波长；$R_{\mathrm{sat}1}$ 为目标点 T 与卫星 Sat1 的斜距；$R_{\mathrm{sat}2}$ 为目标点 T 与卫星 Sat2 的斜距；$f_{d_{\mathrm{sat}1}}$ 为 Sat1 成像采用的多普勒中心频率；$f_{d_{\mathrm{sat}2}}$ 为 Sat2 成像采用的多普勒中心频率。$\boldsymbol{V}_{s_{\mathrm{sat}1}} = [v_{x_{\mathrm{sat}1}}, \ v_{y_{\mathrm{sat}1}}, \ v_{z_{\mathrm{sat}1}}]^{\mathrm{T}}$ 为 Sat1 天线相位中心的速度矢量；$\boldsymbol{V}_{s_{\mathrm{sat}2}} = [v_{x_{\mathrm{sat}2}}, \ v_{y_{\mathrm{sat}2}}, \ v_{z_{\mathrm{sat}2}}]^{\mathrm{T}}$ 为 Sat2 天线相位中心的速度矢量；$\boldsymbol{V}_t = [v_{x_t}, \ v_{y_t}, \ v_{z_{\mathrm{sat}2}}]^{\mathrm{T}}$ 为目标 T 的地面速度矢量；R_e 与 R_p 分别为 WGS84 椭球的长半轴和短半轴；h_t 为目标相对于地球模型的高程。

但由于成像几何模型参数误差的存在，式（3.12）通常并不能定位于同一点 T。由场地几何定标的分析可知，影响星载 SAR 影像几何定位模型误差的主要因素有两个：方位向系统误差（systematic azimuth shifts）和距离向系统时延。这二维的时间误差主要影响 SAR 影像在距离向和方位向的几何定位误差，是星载 SAR 几何定位的主要误差源。假定 Sat1 经过了几何标定，采用如下几何定标模型标定 Sat2：

$$\begin{cases} t_r = (t_{r0} + t_{\mathrm{delay}} + \Delta t_r) + \dfrac{x-1}{f_s} \\ t_a = (t_{a0} + \Delta t_a) + \dfrac{y-1}{\mathrm{prf}} \end{cases} \tag{3.13}$$

式中：t_r、t_a 分别为卫星对目标点成像时对应的距离向快时间和方位向慢时间；t_{r0}、t_{a0} 分别为影像距离向起始时间的测量值和方位向起始时间的测量值；t_{delay} 为大气传播延迟误差；Δt_r、Δt_a 分别为方位向时间误差和系统时延误差；f_s 为雷达采样频率；prf 为脉冲重复频率；x、y 为目标点在影像上的像平面坐标。

对于 Sat1、Sat2 卫星同名点，未知数为 Sat2 卫星的方位向时间误差和距离向系统时延。式（3.13）可以表示成如下形式：

$$\begin{cases} F_x = t_r - \left[(t_{r0} + t_{delay} + \Delta t_r) + \dfrac{x-1}{f_s} \right] = 0 \\ F_y = t_a - \left[(t_{a0} + \Delta t_a) + \dfrac{y-1}{prf} \right] = 0 \end{cases} \tag{3.14}$$

对式（3.14）构建误差方程如下：

$$V = Bx - l \tag{3.15}$$

式中：$B = \begin{bmatrix} \dfrac{\partial F_x}{\partial \Delta t_r} & \dfrac{\partial F_x}{\partial \Delta t_r} \\ \dfrac{\partial F_y}{\partial \Delta t_a} & \dfrac{\partial F_y}{\partial \Delta t_a} \end{bmatrix}$；$x = \begin{bmatrix} d\Delta t_r & d\Delta t_s \end{bmatrix}^T$；$l = \begin{bmatrix} -F_x^0 \\ -F_y^0 \end{bmatrix}$。式（3.14）中 t_{delay} 的计算需要用到大气延迟改正模型。

因此，基于参考影像辅助的几何交叉定标主要处理流程（图 3.21）如下。

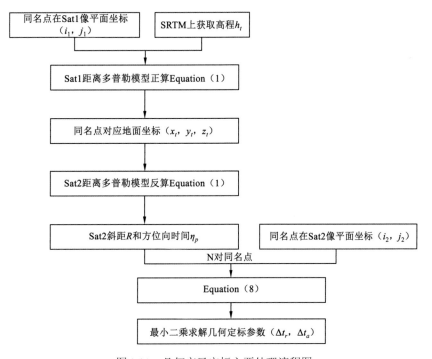

图 3.21　几何交叉定标主要处理流程图

（1）在 Sat2 卫星影像与 Sat1 卫星影像上获取同名点对（x, y）和（x', y'），利用 Sat1 卫星距离多普勒模型及 SRTM-DEM 数据通过迭代计算（x', y'）对应的地面坐标（X, Y, Z），则得到 Sat2 卫星影像控制点（x, y, X, Y, Z）。

（2）利用 NCEP 提供的全球大气数据和 CODE 提供的电离层电子含量分布数据，根据大气延迟改正模型计算 Sat2 中的大气延迟改正值 t_{delay}。

（3）利用（1）中控制点和（2）中 t_{delay} 求解式（3.15）中的 Δt_r、Δt_a，将定标参数补偿到 Sat2 影像处理过程中。

3.4.3 交叉几何定标影像库构建思路

基于交叉几何定标，可构建数字定标库，解决定标控制数据的快速获取、更新瓶颈问题。数字定标库的建库思路（图 3.22）及定标流程如下。

（1）基于高精度控制数据，利用场地几何定标实现单星 A 的高精度几何定标。

（2）构建数字定标库，将（1）中获取的定标参数、A 卫星影像、影像分辨率、影像地理范围及成像入射角存入数据库。

（3）对于待定标卫星 B 影像，根据其影像分辨率、成像地理范围及成像入射角，从数字定标库中检索基准卫星影像，实现卫星 B 的几何交叉定标。

（4）将（3）中获得的卫星 B 定标参数、卫星 B 影像、影像分辨率、影像地理范围及成像入射角存入数据库。

（5）按（1）～（4）步骤，可以实时对数字定标库进行更新，从而解决定标控制数据的获取、更新瓶颈问题。

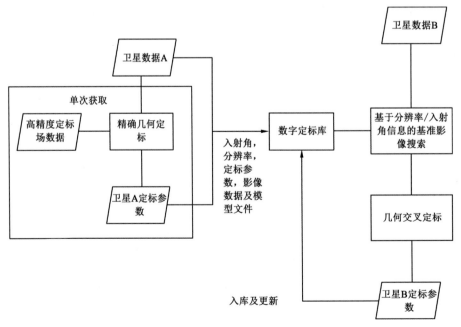

图 3.22 数字定标库构建思路

3.4.4 实验结果与分析

为了充分验证交叉几何定标方法的精度,采用如表 3.7 所示 Data A、Data B、Data C 数据集进行验证。

表 3.7 试验影像信息

| 数据集 | 卫星 | ID | 像素间隔/m | | 成像时间 | 入射角 | 轨道 | 侧视 |
			距离向	方位向				
Data A	遥感13A	13-HN-2016-03-11	0.6	0.9	2016.03.11	37.21°	Desc	R
Data B	高分三号	GF3-HN-2016-11-29	2.2	2.8	2016.10.14	37.43°	Desc	R
	高分三号	GF3-HN-2016-12-30	2.2	2.6	2016.12.30	38.66°	Asc	R
	高分三号	GF3-TJ-2017-02-17	2.2	3.1	2017.02.17	33.82°	Desc	R
Data C	高分三号	GF3-TJ-2017-03-18	2.2	3.1	2017.03.18	33.82°	Desc	R
	高分三号	GF3-TY-2016-12-30	2.2	2.6	2016.12.30	38.66°	Asc	R
	高分三号	GF3-TY-2017-01-11	2.2	2.8	2017.01.11	40.07°	Asc	R

遥感 13A 卫星其地面处理系统生成的影像都会利用几何定标参数进行补偿,Data A 数据集中的 13-HN-2016-03-11 影像即为经过补偿之后的遥感 13A 号 SLC 标准产品,Data B 数据集中的 GF3-HN-2016-11-29 为同一地区的高分三号影像,Data A 和 Data B 拍摄角度接近。高程误差对同名点交会的影响约为

$$\Delta X = \frac{\Delta h}{\tan 37.43} - \frac{\Delta h}{\tan 37.21} = -0.010\Delta h \qquad (3.16)$$

当采用 90 m 格网 SRTM-DEM 作为高程基准,其精度优于 30 m,则高程误差对同名点交会的影响在高分三号影像约为 0.14 像素,满足交叉检校条件。因此,以补偿后的 13-HN-2016-03-11 景为基准,对 GF3-HN-2016-11-29 进行交叉检校,得出高分三号距离向和方位向的系统误差参数。

通常,高程误差在待定标影像上的影响小于 0.2 个像素被认为是可以忍受的,以 SRTM 作为高程数据的来源,表 3.8 中列出了不同分辨率和不同入射角情况下的最大入射角差异。

表 3.8 不同分辨率和不同入射角情况下的最大入射角差异

| 入射角 | 影像分辨率/m | | | | | |
	1	2	4	6	8	10
20°	0.040°	0.085°	0.175°	0.260°	0.350°	0.435°
30°	0.095°	0.185°	0.375°	0.560°	0.745°	0.925°
40°	0.155°	0.310°	0.620°	0.925°	1.225°	1.525°
50°	0.220°	0.440°	0.885°	1.315°	1.745°	2.165°
60°	0.285°	0.565°	1.130°	1.685°	2.235°	2.780°

从表 3.8 中可以看出，最大入射角差异随着影像分辨率和影像入射角的增大而增大，但是，过大的入射角会导致影像发生几何畸变，从而影响同名点的匹配，因此，入射角的选择应该适中。

Data C 数据为嵩山、天津、太原地区的高分三号数据，用来验证定标后的高分三号影像定位精度。利用嵩山地区高精度的角反射器和天津、太原地区的 DOM 和 DEM 作为检查数据（图 3.23），检查定标后的高分三号数据无控几何定位精度。

在 13-HN-2016-03-11 景和 GF3-HN-2016-11-29 景通过目视判读获取同名点 7 对，同名点分布较均匀。

（a）嵩山高精度角反射器

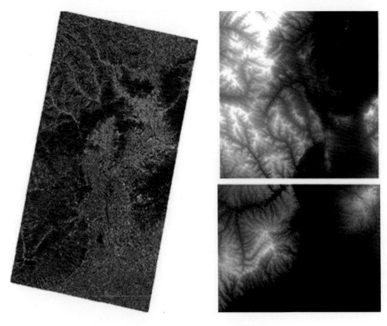

（b）太原 1:5 000 正射影像及数字高程模型

图 3.23　高精度控制数据

（c）天津 1:2 000 正射影像及数字高程模型

图 3.23　高精度控制数据（续）

利用选取的所有同名点对 GF3-HN-2016-11-29 景进行交叉检校，得到高分三号方位向和距离向的定标参数见表 3.9。

表 3.9　高分三号几何定标参数

方向	项目	数值
方位向	Δt_a	+0.322 ms
距离向	Δt_r	−61.02 ns

SAR 影像的几何定位误差主要体现在像平面空间的两个方向：距离向和方位向。地面目标在影像上的像素坐标由其成像时对应的方位向时刻和距离向时刻决定。通过已知地面坐标和像平面坐标的检查点对利用定标参数补偿后的几何定位精度进行验证，如表 3.10 所示。

表 3.10　交叉几何定标后的无控定位精度

验证区域	ID	距离向/m			方位向/m		
		最大值	最小值	均方根误差	最大值	最小值	均方根误差
嵩山	GF3-HN-2016-12-30	4.21	3.13	3.56	−2.09	−0.98	1.58
天津	GF3-TJ-2017-02-17	−3.50	−0.79	2.20	−2.21	−0.31	1.53
天津	GF3-TJ-2017-03-18	−1.86	0.48	1.17	−1.66	−0.56	1.00
太原	GF3-TY-2016-12-30	3.80	0.62	2.73	−1.77	−0.08	0.97
太原	GF3-TY-2017-01-11	2.49	1.82	2.26	−0.93	−0.05	0.83
平均		—	—	2.39	—	—	1.18

从表 3.10 中可以看出，验证景距离向偏差的均方根误差在 1.17～3.56 m，所有景的平均值为 2.39 m。在几何定标过程中，综合考虑了系统收发通道时延误差和大气延迟误差，残余的定位误差约为 2.39 m（相当于 1 个像素）。方位向的定位精度比距离向要稍好一点，所有验证景的平均值约为 1.18 m（相当于 0.5 个像素）。说明经过交叉几何定标后，影像的无控定位精度较高。

　　为了更好地说明交叉几何定标的效果,利用嵩山地区的高精度控制点对高分三号数据进行了场地定标,再用同样地区的验证景进行验证。表 3.11 中统计了场地几何定标后验证景的定位精度,所有景的距离向和方位向的定位均方根误差平均值为 2.30 m 和 0.94 m。表 3.12 中列举了交叉几何定标和场地几何定标后的定位精度对比,从表 3.12 中可以看出,交叉几何定标可以取得和场地几何定标相当的定标精度。与场地几何定标方法相比,交叉几何定标精度受参考影像定位精度和交叉影像对匹配精度的影响。交叉几何定标需要交叉影像对的入射角尽可能接近,这样既可以减弱高程误差的影响,也可以减小影像间的畸变,提高匹配精度。

表 3.11　场地定标后的无控定位精度

验证区域	ID	距离向/m			方位向/m		
		最大值	最小值	均方根误差	最大值	最小值	均方根误差
嵩山	GF3-HN-2016-12-30	3.93	2.86	3.28	−1.77	−0.65	1.28
天津	GF3-TJ-2017-02-17	−3.78	−1.07	2.46	−1.88	0.02	1.24
天津	GF3-TJ-2017-03-18	−2.14	0.20	1.31	−1.33	−0.23	0.71
太原	GF3-TY-2016-12-30	3.53	0.34	2.47	−1.44	−0.13	0.76
太原	GF3-TY-2017-01-11	2.21	1.54	1.98	1.22	−0.02	0.73
	平均	—	—	2.30	—	—	0.94

表 3.12　场地定标（A）和交叉定标（B）的结果比较

验证区域	ID	范围/m		方位角/m	
		A	B	A	B
嵩山	GF3-HN-2016-12-30	3.28	3.56	1.28	1.58
天津	GF3-TJ-2017-02-17	2.46	2.20	1.24	1.53
天津	GF3-TJ-2017-03-18	1.31	1.17	0.71	1.00
太原	GF3-TY-2016-12-30	2.47	2.73	0.76	0.97
太原	GF3-TY-2017-01-11	1.98	2.26	0.73	0.83
	平均	2.30	2.39	0.94	1.18

3.5　无场几何定标

　　基于场地角反射器的几何定标方法需要花费大量人力物力获取控制点。交叉几何定标方法其定标精度依赖于定标所用参考影像,且参考影像需要定期更新。为完整解决几何定标对高精度控制,包括角反射器和已经经过定标参数校正的参考影像的依赖,针对几何定标,提出了特定拍摄条件下的无场几何定标。

3.5.1　无场几何定标原理

　　图 3.24 所示为星载 SAR 无场几何定标原理示意图。图 3.24（a）中有同一颗 SAR 卫星的两张 SLC 影像,S_1 和 S_2 是两张 SLC 影像对应 SAR 卫星天线相位中心,不规则曲

线为真实的地表,点 A 为地表上的地物点。当不存在任何误差时,S_1 与物方点 A 之间的斜距为 R_1,S_2 与物方点 A 之间的斜距为 R_2,则 A 实际上是斜距 R_1 和斜距 R_2 在物方上的前方交会点。实际上,由于存在影像系统误差(如斜距误差 ΔR),它们的前方交会点为 B。总之,斜距存在系统误差,进而导致交会的物方点坐标的变化。

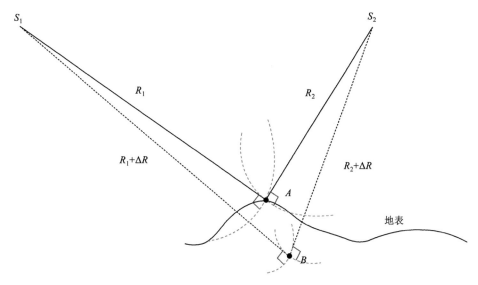

(a) 两张 SLC 影像难以进行斜距误差探测

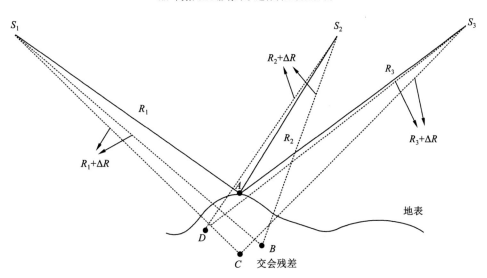

(b) 三张 SLC 影像可以进行斜距误差探测

图 3.24 星载 SAR 无场几何定标原理示意图

然而,由于实际的物方点 A 的坐标是未知的,所以图 3.24(a)也可以反过来解释成物方点 A 的坐标误差导致了影像斜距变化。因此,两张影像无法区分到底是影像系统误差还是物方点坐标误差导致斜距误差的存在。

为了解决这个问题，如图 3.24（b）所示引入了第三张影像 S_3。物方点 A 与影像 S_3 天线相位中心之间的斜距为 R_3，当不存在任何误差的时候，三张影像的交会点为 A，实际上，由于误差的存在，S_3 和 S_1 的前方交会点为 C，和 S_2 的前方交会点为 D。如果斜距测量的误差是由物方点坐标误差引起的，则前方交会点 B、C 和 D 应该是同一个点，即坐标值应该一样；如果斜距测量的误差是由影像系统误差引起的，则前方交会点 B、C 和 D 有可能不一致，这种不一致称为交会残差。

通过以上分析，三张 SLC 影像之间同名点的交会残差可以作为几何定标参数求解的一个准则，几何定标参数可以通过约束交会残差最小来探测得到。

3.5.2　无场几何定标模型

基于距离多普勒方程和几何定标模型，对于某张影像，其无场几何定标模型可以写成

$$
\begin{cases}
R = \sqrt{(X_s - X)^2 + (Y_s - Y)^2 + (Z_s - Z)^2} + R_s + R_{\text{atmo}} \\
f_D = -\dfrac{2}{\lambda(R - R_s - R_{\text{atmo}})}\big[(X_s - X)\,\boldsymbol{X}_v + (Y_s - Y)\,\boldsymbol{Y}_v + (Z_s - Z)\,\boldsymbol{Z}_v\big]
\end{cases}
\tag{3.17}
$$

式中：R 为天线相位中心与未知地面点之间的距离；X_s，Y_s，Z_s 为卫星位置矢量；X，Y，Z 为未知地面点坐标；R_s 为待探测的斜距系统误差；R_{atmo} 为大气延迟误差；f_D 为目标点对应的多普勒中心频率；$\boldsymbol{X}_v$，$\boldsymbol{Y}_v$，$\boldsymbol{Z}_v$ 为未知地面点成像时刻卫星的速度矢量；λ 为雷达波长。

将式（3.17）线性化得到误差方程式的一般形式：

$$
\begin{cases}
V_R = \dfrac{\partial R}{\partial X}\mathrm{d}X + \dfrac{\partial R}{\partial Y}\mathrm{d}Y + \dfrac{\partial R}{\partial Z}\mathrm{d}Z + \dfrac{\partial R}{\partial R_s}\mathrm{d}R_s + (R) - R \\
V_{f_D} = \dfrac{\partial f_D}{\partial X}\mathrm{d}X + \dfrac{\partial f_D}{\partial Y}\mathrm{d}Y + \dfrac{\partial f_D}{\partial Z}\mathrm{d}Z + \dfrac{\partial f_D}{\partial R_s}\mathrm{d}R_s + (f_D) - f_D
\end{cases}
\tag{3.18}
$$

式中：$\mathrm{d}R_s$ 为待探测的斜距系统误差；X，Y，Z 为未知地面点坐标。

当利用若干张影像时，可将上式写成矩阵形式：

$$
\boldsymbol{V} = \boldsymbol{A}\boldsymbol{X} - \boldsymbol{L}
\tag{3.19}
$$

式中：$\boldsymbol{X} = [\mathrm{d}X, \mathrm{d}Y, \mathrm{d}Z, \mathrm{d}R_s]$，其他符号对应每一次观测为

$$
\boldsymbol{V}_i = \begin{bmatrix} V_R, V_{f_D} \end{bmatrix}^{\mathrm{T}}
$$

$$
\boldsymbol{L}_i = \begin{bmatrix} l_R, l_{f_D} \end{bmatrix}^{\mathrm{T}} = \begin{bmatrix} R - (R), f_D - (f_D) \end{bmatrix}^{\mathrm{T}}
$$

$$
\boldsymbol{A}_i = \begin{bmatrix} a_{1,1}, a_{1,2}, a_{1,3}, a_{1,4} \\ a_{2,1}, a_{2,2}, a_{2,3}, a_{2,4} \end{bmatrix}^{\mathrm{T}}
$$

经推导可得误差方程式中各偏导数的值为

$$
a_{1,1} = \frac{X - X_s}{\sqrt{(X - X_s)^2 + (Y - Y_s)^2 + (Z - Z_s)^2}}
$$

$$a_{1,2} = \frac{Y - Y_s}{\sqrt{(X - X_s)^2 + (Y - Y_s)^2 + (Z - Z_s)^2}}$$

$$a_{1,3} = \frac{Z - Z_s}{\sqrt{(X - X_s)^2 + (Y - Y_s)^2 + (Z - Z_s)^2}}$$

$$a_{1,4} = 1$$

$$a_{2,1} = \frac{2\boldsymbol{X}_v}{(R - R_s - R_{atmo})\,\lambda}$$

$$a_{2,2} = \frac{2\boldsymbol{Y}_v}{(R - R_s - R_{atmo})\,\lambda}$$

$$a_{2,3} = \frac{2\boldsymbol{Z}_v}{(R - R_s - R_{atmo})\,\lambda}$$

$$a_{2,4} = \frac{2\big[(X_s - X)\,\boldsymbol{X}_v + (Y_s - Y)\,\boldsymbol{Y}_v + (Z_s - Z)\,\boldsymbol{Z}_v\big]}{\lambda(R - R_s - R_{atmo})(R - R_s - R_{atmo})}$$

由前面的分析可知,无场几何定标至少需要对同一地区进行三次成像,因而要用最小二乘平差方法进行计算。若重叠区域包含 N 个未知目标点,可按式（3.20）列出

$$\boldsymbol{A} = \begin{bmatrix} a_{1,1}, a_{1,2}, a_{1,3}, \cdots, a_{1,3N-2}, a_{1,3N-1}, a_{1,3N}, a_{1,3N+1} \\ a_{2,1}, a_{2,2}, a_{2,3}, \cdots, a_{2,3N-2}, a_{2,3N-1}, a_{2,3N}, a_{2,3N+1} \end{bmatrix}, \quad \boldsymbol{X} = \begin{bmatrix} dX_1 \\ dY_1 \\ dZ_1 \\ \vdots \\ dX_N \\ dY_N \\ dZ_N \\ dR_s \end{bmatrix} \quad （3.20）$$

根据最小二乘间接平差原理,可列出法方程式:

$$\boldsymbol{A}^{\mathrm{T}}\boldsymbol{A}\boldsymbol{X} = \boldsymbol{A}^{\mathrm{T}}\boldsymbol{L} \quad （3.21）$$

由此可得法方程解的表达式:

$$\boldsymbol{X} = (\boldsymbol{A}^{\mathrm{T}}\boldsymbol{A})^{-1}\boldsymbol{A}^{\mathrm{T}}\boldsymbol{L} \quad （3.22）$$

从而可求出各目标点地面坐标和斜距系统误差近似值的改正数 $dX_1, dY_1, dZ_1, \cdots, dX_N$, dY_N, dZ_N, dR_s。

由于距离方程和多普勒方程在线性化过程中各系数取自泰勒级数展开式的一次项,且未知数的初值一般都是比较粗略的,计算需要迭代进行。每次迭代时用未知数近似值与上次迭代计算的改正数之和作为新的近似值,重复计算过程,求出新的改正数,这样反复趋近,直到改正数小于某一限值为止,最后得出 N 个目标点地面坐标与斜距系统误差的解:

$$\begin{cases} X_1 = X_1^0 + \mathrm{d}X_1^1 + \mathrm{d}X_1^2 + \cdots \\ Y_1 = Y_1^0 + \mathrm{d}Y_1^1 + \mathrm{d}Y_1^2 + \cdots \\ Z_1 = Z_1^0 + \mathrm{d}Z_1^1 + \mathrm{d}Z_1^2 + \cdots \\ \qquad\qquad \vdots \\ X_N = X_N^0 + \mathrm{d}X_N^1 + \mathrm{d}X_N^2 + \cdots \\ Y_N = Y_N^0 + \mathrm{d}Y_N^1 + \mathrm{d}Y_N^2 + \cdots \\ Z_N = Z_N^0 + \mathrm{d}Z_N^1 + \mathrm{d}Z_N^2 + \cdots \\ R_s = R_s^0 + \mathrm{d}R_s^1 + \mathrm{d}R_s^2 + \cdots \end{cases} \qquad (3.23)$$

3.5.3　无场几何定标的算法流程

无场定标的求解过程如下。

（1）选取同名点。量测同名点在各影像上的像平面坐标。

（2）获取几何定位参数信息。从影像辅助文件中查取和计算未知目标点成像时刻 t，多普勒中心频率 f_D，斜距 R；获取卫星的位置矢量 X_s, Y_s, Z_s 和速度矢量 $\boldsymbol{X}_v$, $\boldsymbol{Y}_v$, $\boldsymbol{Z}_v$。

（3）确定未知数的初始值。无场几何定标必须给出待定参数的初始值，斜距系统误差和方位向时间误差的数值一般不大，可以取 0，同名点地面坐标可以通过前方交会确定初始值。

（4）逐点计算各同名点斜距和多普勒中心频率的近似值。利用未知数的近似值按斜距方程和多普勒方程式（3.17）计算各同名点斜距和多普勒中心频率的近似值 (f_D), (R)。

（5）逐点计算误差方程式的系数和常数项，组成误差方程式。

（6）计算法方程的系数矩阵 $A^{\mathrm{T}}A$ 与常数项 $A^{\mathrm{T}}L$，组成法方程式。

（7）求解同名点地面坐标和斜距系统误差。根据法方程，按式（3.22）求解同名点地面坐标和斜距系统误差，并与相应近似值求和，得到同名点地面坐标和斜距系统误差新的近似值。

（8）检查计算是否收敛。将所求得的同名点地面坐标和斜距系统误差的改正数与规定的限差比较，通常对斜距系统误差改正数给予限差，这个限差通常为 0.1，当斜距系统误差改正数小于 0.1 时，迭代结束。否则用新的近似值重复（4）～（8）步骤的计算，直到满足要求为止。

（9）更新方位向成像时间。根据求解的同名点像点坐标，利用距离多普勒方程的间接定位算法算出新的像平面坐标，更新方位向成像时间，重新计算卫星的位置矢量 X_s, Y_s, Z_s 和速度矢量 $\boldsymbol{X}_v$, $\boldsymbol{Y}_v$, $\boldsymbol{Z}_v$。斜距系统误差取 0，同名点地面坐标初始值取上一次迭代的结果。重复（4）～（9）步骤的计算，直到方位向时间误差的改正值小于限差。

3.5.4　实验结果与分析

以遥感 13A 为例，按照上述无场几何定标方法进行几何定标参数求解。考虑到遥感 13A 雷达信号不同时宽带宽情况下的斜距系统误差不同，因此，根据雷达信号时宽带宽

分开进行几何定标。如表 3.13 和表 3.14 所示为两种时宽带宽的定标数据（24.4 μs &
200 MHz 和 24.4 μs & 150 MHz）。

表 3.13　定标影像信息表（24.4 μs & 200 MHz）

时宽带宽组合	区域	影像代号	获取时间	中心入射角	轨道类型	侧视
	嵩山	A1	2015.12.28	36.1°	升轨	右
24.4 μs & 200 MHz	嵩山	B1	2016.01.03	43.1°	降轨	右
	嵩山	C1	2016.01.16	26.8°	升轨	右

表 3.14　定标影像信息表（24.4 μs & 150 MHz）

时宽带宽组合	区域	影像代号	获取时间	中心入射角	轨道类型	侧视
	嵩山	A2	2015.12.29	46.1°	降轨	右
24.4 μs & 150 MHz	嵩山	B2	2016.01.04	46.9°	升轨	左
	嵩山	C2	2016.01.07	54.6°	降轨	右

采用无场几何定标方法得到两种时宽带宽模式下的几何定标参数，如表 3.15 所示。

表 3.15　两种时宽带宽模式组合结果

时宽带宽组合	组合	斜距改正值/m	方位向时间改正值
24.4 μs & 200 MHz	A1-B1-C1	15.96	−0.126 ms
24.4 μs & 150 MHz	A2-B2-C2	17.34	0.009 s

同时，为了对定标精度进行验证，收集了覆盖不同验证区域的遥感 13A 条带模式数据，如表 3.16 所示，根据无场几何定标方法求解出来的几何定标参数对验证景影像进行补偿，对验证景补偿前后的无控定位精度进行统计，得到如表 3.17 和表 3.18 所示的统计结果。

表 3.16　验证组 A/B 的信息

时宽带宽组合	拍摄区域	获取时间	中心入射角	轨道类型	侧视
	嵩山	2016.03.29b	38.0°	升轨	右
24.4 μs & 200 MHz	太原	2016.05.28	32.3°	降轨	右
	天津	2016.05.29	31.6°	降轨	左
	嵩山	2016.04.02	45.7°	降轨	左
	太原	2016.06.01	48.8°	降轨	右
24.4 μs & 150 MHz	安平	2016.06.09	49.9°	降轨	左
	天津	2016.06.10	45.5°	降轨	右
	咸宁	2016.06.12	46.5°	升轨	左

表 3.17　24.4 μs & 200 MHz 模式验证景求解结果统计表

时宽带宽组合	验证影像	获取时间	参数补偿	北/m	东/m	平面/m
24.4 μs & 200 MHz	嵩山	2016.03.29b	补偿前	4.44	25.11	25.50
			补偿后	0.91	1.81	2.03
	太原	2016.05.28	补偿前	6.98	30.06	30.87
			补偿后	1.80	3.37	3.82
	天津	2016.05.29	补偿前	8.69	30.45	31.66
			补偿后	2.03	3.66	4.19

表 3.18　24.4 μs & 150 MHz 模式验证景求解结果统计表

时宽带宽组合	验证影像	获取时间	参数补偿	北/m	东/m	平面/m
24.4 μs & 150 MHz	嵩山	2016.04.02	补偿前	4.79	21.93	22.45
			补偿后	1.28	0.77	1.49
	太原	2016.06.01	补偿前	4.23	20.43	20.87
			补偿后	1.90	0.68	2.02
	安平	2016.06.09	补偿前	6.46	20.99	21.96
			补偿后	0.65	1.65	1.77
	天津	2016.06.10	补偿前	4.95	23.78	24.29
			补偿后	1.98	1.88	2.74
	咸宁	2016.06.12	补偿前	6.28	23.25	24.08
			补偿后	0.93	2.13	2.32

从表 3.17 和表 3.18 可以看出，补偿前验证景的无控定位精度一般在 20 m 左右的精度，最大残差可以达到 31.66 m。经过定标参数补偿后，无控定位精度在 2 m 左右，最大残差仅仅为 4.19 m，说明影像系统误差得到比较明显的修正，说明了无场几何定标方法的正确性和有效性。

3.6　本 章 小 结

本章系统研究了 SAR 卫星在轨几何定标的原理及方法。基于大气传播延迟改正的时变性，为提升 SAR 卫星定位精度，提出了顾及大气传播延迟的星载 SAR 卫星多几何定标模型；设计研发了一种自动角反射器设备，提出采用质心法提取角反射器在 SAR 影像上亚像素像点坐标。经过场地几何定标后，遥感 13A 条带模式的无控定位精度优于 3 m，滑动聚束模式的无控定位精度优于 1.5 m；高分三号的 FSM_I 模式和 QPSM_I 模式的无控定位精度优于 3 m。分析了交叉几何定标的成像条件，提出了同名点交会约束的交叉几何定标模型，解决检校控制数据获取、更新瓶颈问题，利用遥感 13A 为参考景，高分三号为定标景验证，交叉几何定标可以取得和场地几何定标相当的定标精度和定位精度。分析了无场几何定标的成像条件，提出了基于同名点交会残差的无场几何定标模型，经过遥感 13A 验证，无场几何定标精度略低于场地几何定标方法。

第4章　单立体 SAR 控制点获取与验证

本章主要介绍利用单立体 SAR 获取控制点的理论方法和技术流程，并利用遥感 13A 卫星的数据进行试验，验证经过几何定标后立体 SAR 可获得控制点的精度。

4.1　单立体 SAR 获取控制点

4.1.1　立体 SAR 定义和获取方式

立体 SAR 定义为由不同天线位置探测获取的具有一定影像重叠的两幅影像。立体 SAR 获取方式有两种，同侧立体观测和异侧立体观测。同侧立体观测是指飞行器沿不同的航线飞行（两次飞行方向可以相同或相反），雷达从地物的同一侧对同一地区成像 [图 4.1 （a）]。异侧立体观测是指雷达从地物的两侧分别对同一地区成像 [图 4.1 （b）]。

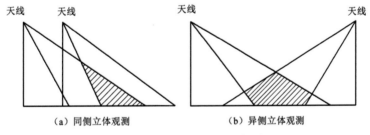

图 4.1　立体 SAR 观测示意图

4.1.2　立体 SAR 定位原理

立体 SAR 定位是根据 SAR 几何模型，由构成立体的两幅 SAR 图像的同名像点计算相应地面点三维坐标的过程。也就是两个天线相位中心分别对同一地面点进行观测，按照成像时间的斜距做圆弧，弧线的交点即为被测的地面点。SAR 同侧立体和异侧立体的立体 SAR 图像定位原理示意如图 4.2 所示。

若立体 SAR 图像中的同名像点坐标分别用 $p^L(x^L, y^L)$、$p^R(x^R, y^R)$ 表示，相应地面点坐标用 $P(X, Y, Z)$ 表示，两幅 SAR 图像构象模型中的函数表达式分别用 $F_1^L(X, Y, Z, x^L, y^L)$、$F_2^L(X, Y, Z, x^L, y^L)$、$F_1^R(X, Y, Z, x^R, y^R)$、$F_2^R(X, Y, Z, x^R, y^R)$ 表示，则同名像点坐标与相应地面点坐标的关系可由如下四个方程构成的方程组表示：

$$\begin{cases} F_1^L(X, Y, Z, x^L, y^L) = 0 \\ F_2^L(X, Y, Z, x^L, y^L) = 0 \\ F_1^R(X, Y, Z, x^R, y^R) = 0 \\ F_2^R(X, Y, Z, x^R, y^R) = 0 \end{cases} \tag{4.1}$$

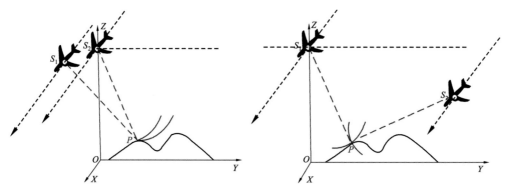

图 4.2　立体 SAR 三维信息提取原理

式（4.1）的线性化形式为

$$
\begin{cases}
\dfrac{\partial F_1^L}{\partial X}\Delta X + \dfrac{\partial F_1^L}{\partial Y}\Delta Y + \dfrac{\partial F_1^L}{\partial Z}\Delta Z - F_{10}^L = 0 \\[2mm]
\dfrac{\partial F_2^L}{\partial X}\Delta X + \dfrac{\partial F_2^L}{\partial Y}\Delta Y + \dfrac{\partial F_2^L}{\partial Z}\Delta Z - F_{20}^L = 0 \\[2mm]
\dfrac{\partial F_1^R}{\partial X}\Delta X + \dfrac{\partial F_1^R}{\partial Y}\Delta Y + \dfrac{\partial F_1^R}{\partial Z}\Delta Z - F_{10}^R = 0 \\[2mm]
\dfrac{\partial F_2^R}{\partial X}\Delta X + \dfrac{\partial F_2^R}{\partial Y}\Delta Y + \dfrac{\partial F_2^R}{\partial Z}\Delta Z - F_{20}^R = 0
\end{cases}
\tag{4.2}
$$

利用式（4.2），即可由同名像点坐标采用迭代方法求解相应地面点的三维坐标，实现对立体 SAR 定位。

4.1.3　立体 SAR 影像的视差

立体 SAR 影像的视差 Δp 定义为高出某基准面的地物目标在两幅 SAR 影像上的移位差，它是目标点间高差的反应，由视差可以计算地物目标点的高差。对于同侧获取的雷达立体影像，由图 4.3 的几何关系可得

$$
\Delta p = AP'' - AP' = \Delta h(\cos\theta'' - \cos\theta')
\tag{4.3}
$$

式中：θ' 和 θ'' 分别为天线 S' 和 S'' 扫描至地物目标点 A 的视角。

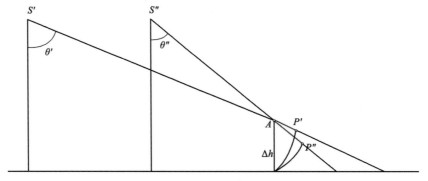

图 4.3　立体 SAR 视差示意图

同理可得异侧获取的雷达立体图像为

$$\Delta p = AP'' + AP' = \Delta h(\cos\theta'' + \cos\theta') \tag{4.4}$$

故对于斜距显示的雷达图像, 视差 Δp 与高差 Δh 的关系式为

$$\Delta h = \Delta p / (\cos\theta'' \pm \cos\theta') \tag{4.5}$$

由式 (4.5) 可知, 视差 Δp 不仅与高差 Δh 有关, 而且与视角 θ 有关, 对于同一高差 Δh 而言, 异侧获取的雷达立体影像的 Δp 值比同侧获取的雷达立体影像的 Δp 值要大。

4.1.4 单立体 SAR 控制点获取方法

利用立体 SAR 获取控制点, 选择立体 SAR 影像, 按照如下步骤获取三维控制点。

1. 立体模型构建与精化

SAR 立体模型构建是利用成像几何模型构建 SAR 传感器和地物间的几何关系。对于 SAR 立体测量, 采用两个多普勒方程和两个距离方程即可以交会出未知地面点的三维坐标, 从而获取控制点三维坐标。RFM 作为一种数学意义上的成像几何模型, 它独立于传感器和平台, 简单且具有通用性, 可建立地面任意坐标与影像空间的关系。采用基于 RFM 的星载 SAR 影像平差模型。

2. 控制点像点坐标选择

在立体 SAR 图像上选取同名点, 为了获取稳定可使用的控制点, 建议控制点选择原则如下。

（1）选择道路的"十"字交叉口或"T"字交叉口, 确定两条道路中心线的交点。由于 SAR 影像的道路纹理较清晰, 便于与光学影像的道路匹配, 而且由于道路一般地势平坦, 受高差影响较小。

（2）道路尺寸适当, 道路过窄在 SAR 影像上无法清晰识别, 道路过宽则无法确定中心线的准确位置。

（3）由于斑点噪声的存在, SAR 影像的道路边界没有光学影像的清晰, 尤其是两条路的交汇处, 故尽量选择两条笔直的道路, 根据两条路的趋势走向来确定两条道路中心线的交点。

（4）两条道路交叉处起伏或高差尽量小, 如避免选择天桥处的"十"字交叉口。

（5）道路周围地势平坦, 防止地物或建筑物对道路成像造成影响, 如避免道路"十"字交叉口附近有房屋等。

3. 控制点三维坐标解算

根据立体模型参数和选择的控制点像点坐标, 利用前方交会, 逐个计算控制点的三维坐标。

4.2　单立体 SAR 控制点获取试验与精度分析

4.2.1　数据采集

2017 年 12 月 6 日~12 月 28 日,在北京市房山区、天津市北辰区、山东省烟台市、河北省邢台市、河南省郑州市、陕西省西安市、甘肃省张掖市、四川省成都市、湖北省武汉市、安徽省合肥市、江苏省南京市、上海市浦东新区、浙江省宁波市、江西省赣州市、福建省厦门市、广东省湛江市、海南省文昌市共计 17 个区域开展控制点数据采集工作,用于验证经过几何定标的 SAR 卫星获取高精度控制点精度的试验。内业选点,以均匀分布、准确辨识为原则,在重叠区域 SAR 影像上识别特征点,并在 Google Earth 上进行标记,便于外业找点;外业测量工作,由当地具有测绘资质的单位完成,测量精度优于 0.1 m。

4.2.2　实验数据

实验数据采用遥感 13A 号 SAR 卫星影像数据,采集时间为 2015 年 12 月 7 日~2017 年 7 月 20 日。

4.2.3　SAR 系统稳定性分析

SAR 系统几何定位精度的稳定性分析,主要是从无控定位精度统计结果中分析是否存在随时间变化的系统误差。利用嵩山定标场数据,通过星载 SAR 几何定标手段消除系统误差影响,统计分析几何定位精度随时间的变化规律。

为了分析不同时间、不同空间下的几何定位精度变化,开展以下两个试验分析:①相同地点、不同时间的几何定位精度分析;②不同地点、不同时间的几何定位精度分析。

针对相同地点、不同时间的情况,表 4.1 试验区相同地点、不同时间的几何定位误差统计信息,包括最小误差、最大误差、误差均值和中误差。

表 4.1　相同地点、不同时间的几何定位误差统计

地点	成像时间	定位误差/m			
		最小误差	最大误差	误差均值	中误差
天津市北辰区	2016.05.25,2016.05.28,2016.05.30	1.302 9	2.093 5	1.803 8	0.355 6
四川省成都市	2016.08/24,2016.09.08	1.135 8	1.219 3	1.177 5	0.041 7
北京市房山区	2016.05.13,2016.05.15	1.111 9	1.247 0	1.179 4	0.067 5
江西省赣州市	2016.03.25,2016.03.29,2016.05.22,2016.09.24,2016.09.25,2016.10.04,2016.10.07,2017.06.15	1.121 3	2.097 8	1.522 2	0.349 6
安徽省合肥市	2016.01.02,2016.01.09,2016.05.18,2016.05.20	0.815 3	1.552 9	1.233 1	0.267 8

续表

地点	成像时间	定位误差/m			
		最小误差	最大误差	误差均值	中误差
江苏省南京市	2017.05.20，2017.05.21，2017.05.26， 2017.06.05，2017.06.13，2017.06.14	0.655 8	1.985 3	1.386 0	0.434 1
浙江省宁波市	2017.06. 26，2017.07.04	2.181 0	2.278 0	2.229 5	0.048 5
上海市浦东新区	2016.01.10，2016.01. 11	1.471 0	1.662 0	1.566 5	0.095 5
海南省文昌市	2016.10.20（上午和下午）	0.508 2	0.774 4	0.641 3	0.133 1
湖北省武汉市	2017.05.11，2017.05.12，2017.05.16， 2017.05.17，2017.05.26，2017.05.27， 2017.06.09，2017.06.10，2017.07.08， 2017.07.09	0.469 1	2.470 6	1.292 0	0.550 3
河北省邢台市	2016.07.23，2016.07.25	0.869 8	1.105 8	0.987 8	0.118 0
山东省烟台市	2016.08.12，2016.08.15	1.407 4	1.578 2	1.492 8	0.085 4
陕西省西安市	2016.04.28，2016.04.30，2016.05.02， 2016.05.03，2016.05.04，2016.05.07	1.205 4	2.882 7	2.198 1	0.508 5
广东省湛江市	2016.09.11，2016.09.21，2017.06.15， 2017.06.16，2017.07.18，2017.07.20， 2017.07.20	0.749 4	2.096 2	1.304 9	0.530 5
甘肃省张掖市	2016.01.24，2016.01.26	1.570 0	2.327 1	1.948 5	0.378 5
河南省郑州市	2015.12.18，2015.12.30，2015.12.31， 2016.01.01，2016.01.05，2016.01.10， 2016.01.12,2016.01.13，2016.05.23， 2016.06.11	0.345 4	2.969 5	1.325 5	0.751 3

从表 4.1 的结果可以看出,相同地点的不同时间获取的 SAR 影像,几何定位精度的中误差最大为 0.751 3 m,中误差最小为 0.041 7 m。由此说明,不同时间获取的 SAR 影像几何定位精度一致,SAR 系统的几何定位稳定。另外,不同分布地区的几何定位精度均优于 3 m,说明 SAR 系统在不同空间位置的几何定位精度一致。

针对不同时间、不同地点的情况,图 4.4 为试验区所有 SAR 影像数据的几何定位误差随成像时间的变化。

从图 4.4 的几何定位精度变化情况来看,均在 1.5 m 左右范围波动,最大值为 2.969 5 m,最小值为 0.345 4 m,无明显变化规律存在。说明,遥感 13A SAR 卫星在轨两年来 SAR 系统状态稳定。

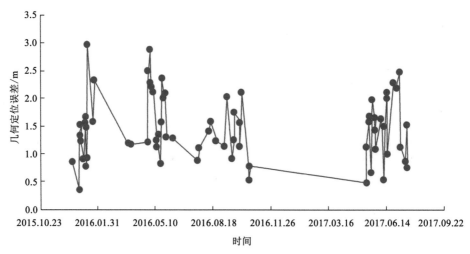

图 4.4　几何定位误差随成像时间的变化

4.2.4　立体定位获取控制点精度分析

针对遥感 13A 96 组立体 SAR 影像对,通过同侧立体成像模式和异侧立体成像模式,采用立体 SAR 处理技术获取同名点的三维坐标,结合外业测量的检查点进行精度验证,结果如表 4.2 所示。

表 4.2　立体定位精度结果

格网	地区	编号	ID1	ID2	交会角	x/m	y/m	2-D/m	H/m
path57-row11	张掖市	57-11-zy-1	197994_003_001 2016.01.24T17:53:32	198155_004_001 2016.01.26T06:02:52	63°	0.703	1.174	1.369	2.802
path57-row12	成都市	57-12-cd-1	229014_003_001 2016.08.24T17:40:07	231182_001_001 2016.09.08T05:22:26	88°	1.322	0.785	1.538	0.827
path58-row12	西安市 阎良区	1	211626_003_001 2016.04.28T17:12:46	212319_002_001 2016.05.04T05:07:20	80°	0.962	2.010	2.228	1.855
		2	211922_001_001 2016.04.30T16:16:14	212058_010_001 2016.05.02T06:03:50	94°	0.951	1.890	2.116	3.593
		3	212319_002_001 2016.05.04T05:07:20	212320_006_001 2016.05.03T17:15:40	83°	1.560	5.421	5.641	1.150
		4	212319_002_001 2016.05.04T05:07:20	212929_008_001 2016.05.07T16:58:43	62°	1.841	1.622	2.454	1.116
		5	212320_006_001 2016.05.03T17:15:40	212929_008_001 2016.05.07T16:58:43	22°	1.843	2.000	2.720	1.076
path59-row11	邢台市	1	224532_001_001 2016.07.23T16:45:02	224581_005_001 2016.07.25T04:55:18	64°	1.183	0.927	1.503	0.928

续表

格网	地区	编号	ID1	ID2	交会角	x/m	y/m	2-D/m	H/m
path59-row12	武汉市	59-12-wh-1	264807_002_001 2017.05.11T16:42:47	264808_007_001 2017.05.12T04:36:34	77°	0.923	2.942	3.084	1.044
		59-12-wh-2	264807_002_001 2017.05.11T16:42:47	265413_002_001 2017.05.17T04:39:03	74°	1.405	3.552	3.819	1.417
		59-12-wh-3	264807_002_001 2017.05.11T16:42:47	266826_011_001 2017.05.27T04:44:00	67°	0.636	0.530	0.828	1.021
		59-12-wh-4	264807_002_001 2017.05.11T16:42:47	268721_007_001 2017.06.10T04:31:37	81°	1.277	1.106	1.690	1.337
		59-12-wh-5	264808_007_001 2017.05.12T04:36:34	265412_001_001 2017.05.16T16:45:16	80°	1.430	6.292	6.453	2.682
		59-12-wh-6	264808_007_001 2017.05.12T04:36:34	266825_003_001 2017.05.26T16:50:13	85°	0.784	1.613	1.794	1.833
		59-12-wh-7	264808_007_001 2017.05.12T04:36:34	268719_004_001 2017.06.09T16:37:51	70°	0.651	1.676	1.798	1.767
		59-12-wh-8	264808_007_001 2017.05.12T04:36:34	272636_002_001 2017.07.08T16:32:47	61°	0.887	0.290	0.935	0.509
		59-12-wh-9	264808_007_001 2017.05.12T04:36:34	272697_004_001 2017.07.09T16:52:32	87°	0.309	3.041	3.057	1.724
		59-12-wh-10	265412_001_001 2017.05.16T16:45:16	265413_002_001 2017.05.17T04:39:03	77°	3.043	8.845	9.354	7.943
		59-12-wh-11	265412_001_001 2017.05.16T16:45:16	268721_007_001 2017.06.10T04:31:37	70°	3.322	12.591	13.022	9.673
		59-12-wh-12	265412_001_001 2017.05.16T16:45:16	268721_007_001 2017.06.10T04:31:37	84°	2.468	2.745	3.692	3.121
		59-12-wh-13	265413_002_001 2017.05.17T04:39:03	266825_003_001 2017.05.26T16:50:13	82°	0.616	2.045	2.136	2.323
		59-12-wh-14	265413_002_001 2017.05.17T04:39:03	268719_004_001 2017.06.09T16:37:51	67°	1.390	1.129	1.791	1.160
		59-12-wh-15	265413_002_001 2017.05.17T04:39:03	272636_002_001 2017.07.08T16:32:47	58°	1.134	7.570	7.654	2.301
		59-12-wh-16	265413_002_001 2017.05.17T04:39:03	272697_004_001 2017.07.09T16:52:32	85°	0.394	3.507	3.530	2.153
		59-12-wh-17	266825_003_001 2017.05.26T16:50:13	266826_011_001 2017.05.27T04:44:00	76°	1.061	0.791	1.324	1.383

格网	地区	编号	ID1	ID2	交会角	x/m	y/m	2-D/m	H/m
path59-row12	武汉市	59-12-wh-18	266825_003_001 2017.05.26T16:50:13	268721_007_001 2017.06.10T04:31:37	90°	0.529	1.220	1.330	2.109
		59-12-wh-19	266825_003_001 2017.05.26T16:50:13	272636_002_001 2017.07.08T16:32:47	24°	2.494	2.585	3.592	1.158
		59-12-wh-20	266826_011_001 2017.05.27T04:44:00	268719_004_001 2017.06.09T16:37:51	60°	0.605	3.851	3.898	0.391
		59-12-wh-21	266826_011_001 2017.05.27T04:44:00	272636_002_001 2017.07.08T16:32:47	51°	1.015	7.036	7.109	2.165
		59-12-wh-22	266826_011_001 2017.05.27T04:44:00	272697_004_001 2017.07.09T16:52:32	78°	0.644	2.419	2.503	1.549
		59-12-wh-23	268719_004_001 2017.06.09T16:37:51	268721_007_001 2017.06.10T04:31:37	74°	1.336	0.711	1.513	1.139
		59-12-wh-24	268721_007_001 2017.06.10T04:31:37	272636_002_001 2017.07.08T16:32:47	66°	1.132	2.125	2.407	1.243
		59-12-wh-25	268721_007_001 2017.06.10T04:31:37	272697_004_001 2017.07.09T16:52:32	92°	0.564	0.505	0.757	2.038
		59-12-wh-26	272636_002_001 2017.07.08T16:32:47	272697_004_001 2017.07.09T16:52:32	26°	1.523	5.760	5.958	0.963
		59-12-zz-1	192281_003_001 2015.12.18T16:49:53	193950_009_001 2015.12.30T05:07:58	47°	1.218	1.442	1.888	0.617
path59-row12	郑州市	59-12-zz-2	192281_003_001 2015.12.18T16:49:53	194262_001_001 2015.12.31T16:19:43	55°	1.576	0.619	1.693	0.378
		59-12-zz-3	192281_003_001 2015.12.18T16:49:53	215201_002_001 2016.05.23T15:50:49	79°	1.964	0.938	2.177	0.785
		59-12-zz-4	192281_003_001 2015.12.18T16:49:53	217891_002_001 2016.06.11T04:50:28	66°	1.173	0.893	1.475	0.233
		59-12-zz-5	193950_009_001 2015.12.30T05:07:58	194264_015_001 2016.01.01T05:47:39	65°	0.813	1.239	1.482	0.387
		59-12-zz-6	193950_009_001 2015.12.30T05:07:58	194994_004_001 2016.01.05T05:31:00	45°	0.512	1.046	1.170	0.145
		59-12-zz-7	193950_009_001 2015.12.30T05:07:58	195697_009_001 2016.01.10T05:34:09	50°	1.186	1.246	1.720	0.383
		59-12-zz-8	193950_009_001 2015.12.30T05:07:58	196121_003_001 2016.01.12T17:05:47	67°	0.624	1.559	1.679	0.458

格网	地区	编号	ID1	ID2	交会角	x/m	y/m	2-D/m	H/m
path59-row12	郑州市	59-12-zz-9	193950_009_001 2015.12.30T05:07:58	215201_002_001 2016.05.23T15:50:49	31°	1.706	1.097	2.028	0.425
		59-12-zz-10	194262_001_001 2015.12.31T16:19:43	194264_015_001 2016.01.01T05:47:39	73°	0.776	2.597	2.711	0.959
		59-12-zz-11	194262_001_001 2015.12.31T16:19:43	194994_004_001 2016.01.05T05:31:00	53°	0.968	1.781	2.027	0.968
		59-12-zz-12	194262_001_001 2015.12.31T16:19:43	195697_009_001 2016.01.10T05:34:09	58°	1.054	0.897	1.384	1.380
		59-12-zz-13	194262_001_001 2015.12.31T16:19:43	196121_003_001 2016.01.12T17:05:47	75°	0.907	0.924	1.295	0.749
		59-12-zz-14	194262_001_001 2015.12.31T16:19:43	215201_002_001 2016.05.23T15:50:49	24°	2.678	1.250	2.956	1.120
		59-12-zz-15	194264_015_001 2016.01.01T05:47:39	194994_004_001 2016.01.05T05:31:00	21°	2.189	4.100	4.648	1.237
		59-12-zz-16	194264_015_001 2016.01.01T05:47:39	196122_003_001 2016.01.13T04:57:33	80°	0.930	0.896	1.292	0.230
		59-12-zz-17	194264_015_001 2016.01.01T05:47:39	215201_002_001 2016.05.23T15:50:49	97°	1.030	1.570	1.880	2.339
		59-12-zz-18	194994_004_001 2016.01.05T05:31:00	196121_003_001 2016.01.12T17:05:47	22°	1.488	0.825	1.702	0.951
		59-12-zz-19	194994_004_001 2016.01.05T05:31:00	196122_003_001 2016.01.13T04:57:33	60°	0.674	0.719	0.985	0.379
		59-12-zz-20	194994_004_001 2016.01.05T05:31:00	215201_002_001 2016.05.23T15:50:49	76°	1.445	2.696	3.059	1.260
		59-12-zz-21	195697_009_001 2016.01.10T05:34:09	196122_003_001 2016.01.13T04:57:33	65°	1.186	0.849	1.459	0.469
		59-12-zz-22	195697_009_001 2016.01.10T05:34:09	215201_002_001 2016.05.23T15:50:49	82°	1.258	1.424	1.900	2.141
		59-12-zz-23	195697_009_001 2016.01.10T05:34:09	217891_002_001 2016.06.11T04:50:28	68°	0.985	1.284	1.618	1.084
		59-12-zz-24	196121_003_001 2016.01.12T17:05:47	196122_003_001 2016.01.13T04:57:33	82°	0.692	0.700	0.984	0.554
		59-12-zz-25	196121_003_001 2016.01.12T17:05:47	215201_002_001 2016.05.23T15:50:49	99°	1.404	1.097	1.782	1.418

格网	地区	编号	ID1	ID2	交会角	x/m	y/m	2-D/m	H/m
path59-row12	郑州市	59-12-zz-26	196121_003_001 2016.01.12T17:05:47	217891_002_001 2016.06.11T04:50:28	85°	0.888	2.467	2.622	0.577
path59-row13	赣州市 章贡区	1	206638_007_001 2016.03.25T04:45:59	207382_057_001 2016.03.29T16:52:35	71°	1.926	3.549	4.038	3.714
		2	207382_057_001 2016.03.29T16:52:35	214941_048_001 2016.05.22T04:41:16	75°	0.895	11.747	11.781	1.453
		3	207382_057_001 2016.03.29T16:52:35	269442_001_001 2017.06.15T04:35:18	75°	1.280	5.814	5.954	1.201
path59-row14	湛江市	1	231687_003_001 2016.09.11T17:08:46	232966_006_001 2016.09.21T04:53:11	76°	1.036	0.448	1.129	1.621
		2	231687_003_001 2016.09.11T17:08:46	269447_006_001 2017.06.16T04:56:28	66°	0.878	1.233	1.514	1.421
		3	231687_003_001 2016.09.11T17:08:46	273989_005_001 2017.07.18T16:35:25	60°	1.323	1.628	2.098	1.382
		4	231687_003_001 2016.09.11T17:08:46	274169_004_001 2017.07.20T04:53:48	71°	1.213	3.147	3.373	1.689
		5	232966_006_001 2016.09.21T04:53:11	269446_006_001 2017.06.15T16:57:45	65°	0.958	3.186	3.327	2.182
		6	269446_006_001 2017.06.15T16:57:45	269447_006_001 2017.06.16T04:56:28	55°	0.886	0.681	1.117	1.867
		7	269446_006_001 2017.06.15T16:57:45	273989_005_001 2017.07.18T16:35:25	48°	1.700	1.467	2.246	1.571
		8	269446_006_001 2017.06.15T16:57:45	274169_004_001 2017.07.20T04:53:48	59°	1.192	0.350	1.243	1.945
		9	274169_004_001 2017.07.20T04:53:48	274227_004_001 2017.07.20T17:14:49	81°	0.735	1.094	1.318	1.422
path59-row15	文昌市	1	236917_001_001 2016.10.20T04:50:02	237047_004_001 2016.10.20T17:10:14	80°	0.649	2.688	2.765	1.074
path60-row11	天津市 北辰区	1	215424_005_001 2016.05.25T05:37:02	215938_003_001 2016.05.28T15:54:38	75°	1.369	2.076	2.486	2.003
		2	215938_003_001 2016.05.28T15:54:38	216132_008_001 2016.05.30T05:39:52	77°	1.657	2.326	2.856	2.419
	北京市 房山区	1	213714_006_001 2016.05.13T04:51:38	214102_004_001 2016.05.15T16:25:53	48°	0.703	1.174	1.369	2.802

续表

格网	地区	编号	ID1	ID2	交会角	x/m	y/m	2-D/m	H/m
path60-row12	合肥市	1	194437_009_001 2016.01.02T04:31:48	214759_004_001 2016.05.20T16:26:40	65°	1.808	3.709	4.126	1.114
		2	195523_004_001 2016.01.09T05:14:44	214521_010_001 2016.05.18T15:47:06	75°	1.092	2.788	2.994	2.443
		3	214521_010_001 2016.05.18T15:47:06	214759_004_001 2016.05.20T16:26:40	66°	1.768	0.948	2.006	0.457
	南京市	1	265950_002_001 2017.05.20T16:28:09	265951_001_001 2017.05.21T04:21:13	79°	1.490	2.157	2.621	1.647
		2	265950_002_001 2017.05.20T16:28:09	266682_006_001 2017.05.26T04:23:42	76°	1.077	1.818	2.114	0.938
		3	265950_002_001 2017.05.20T16:28:09	268060_008_001 2017.06.05T04:28:38	70°	1.440	5.418	5.606	3.580
		4	265950_002_001 2017.05.20T16:28:09	269207_005_001 2017.06.14T04:13:46	86°	1.203	1.650	2.042	0.857
		5	265951_001_001 2017.05.21T04:21:13	269206_003_001 2017.06.13T16:20:43	70°	1.655	1.765	2.420	1.958
		6	266682_006_001 2017.05.26T04:23:42	269206_003_001 2017.06.13T16:20:43	67°	0.703	1.174	1.369	2.802
		7	268060_008_001 2017.06.05T04:28:38	269206_003_001 2017.06.13T16:20:43	60°	1.398	1.329	1.929	2.363
		8	269206_003_001 2017.06.13T16:20:43	269207_005_001 2017.06.14T04:13:46	77°	1.853	1.632	2.469	1.546
path60-row13	赣州市	1	233454_004_001 2016.09.25T04:34:29	233456_004_001 2016.09.24T16:38:30	68°	0.911	1.096	1.426	2.133
		2	233454_004_001 2016.09.25T04:34:29	234787_002_001 2016.10.04T16:43:56	76°	0.904	6.456	6.519	1.822
		3	233454_004_001 2016.09.25T04:34:29	235047_002_001 2016.10.07T05:19:25	80°	0.833	0.989	1.293	2.106
		4	233456_004_001 2016.09.24T16:38:30	234569_004_001 2016.10.04T04:20:05	82°	0.850	7.413	7.462	1.449
		5	234569_004_001 2016.10.04T04:20:05	234787_002_001 2016.10.04T16:43:56	90°	0.867	4.740	4.819	1.124
		6	234569_004_001 2016.10.04T04:20:05	235047_002_001 2016.10.07T05:19:25	94°	0.990	1.046	1.440	2.287

续表

格网	地区	编号	ID1	ID2	交会角	x/m	y/m	2-D/m	H/m
path61-row11	烟台市	1	227205_002_001 2016.08.12T04:26:24	227732_003_001 2016.08.15T16:19:10	68°	1.460	6.838	6.992	2.069
path61-row12	上海市	1	195844_006_001 2016.01.10T16:24:46	195846_001_001 2016.01.11T04:18:18	77°	1.472	2.165	2.618	2.322
path61-row13	宁波市	1	270748_007_001 2017.06.26T04:58:29	271902_001_001 2017.07.04T15:13:28	98°	2.080	0.823	2.237	5.452

从表 4.2 可以看出, 平面中误差为 2.22 m, 高程中误差为 1.37 m, 高程最大误差为 9.67 m。

4.3 本 章 小 结

本章系统研究了星载立体 SAR 测量控制点的原理和方法。遥感 13A 立体数据采用立体 SAR 手段获取的控制点, 平面中误差为 2.22 m, 高程中误差为 1.37 m。

第 5 章　无控制点区域 DOM 处理

本章简要介绍星载 SAR 卫星区域正射影像制作的研究现状,提出采用平面区域网平差解决 SAR 景与景之间几何接边问题,提出基于随机观测的遥感影像色彩一致性处理解决区域正射影像色彩一致性问题,最后利用高分三号制作中国主要陆地一张图验证上述算法。

5.1　星载 SAR 区域正射影像制作研究进展

世界上许多星载 SAR 系统已经具备了高精度几何定位和制图的能力。欧洲的 ERS 卫星,其平面定位精度可达 20 m(Mohr et al., 2001),意大利的 COSMO-SkyMED 卫星可以达到 15m 的几何定位精度,日本 ALOS(Arikawa et al., 2014),加拿大 RADARSAT-2,德国 TerraSAR-X(Brautigam et al., 2007)和欧洲航天局(ESA)SENTINEL-1A(Schwerdt et al., 2013)等,其几何定位精度等均优于 10 m。

在星载 SAR 几何处理模型方面,张过等提出利用有理多项式模型(rational polynomial coefficients, RPC)拟合星载 SAR 影像的距离多普勒模型的方法(Zhang, 2010a),可用作雷达摄影测量处理中严密几何模型(RSM)的替代。张过及其团队进一步验证了 RPC 模型应用于立体 SAR(Zhang, 2011b)、正射影像制作(Zhang et al., 2012)以及干涉测量(Zhang, 2011a)的可行性,李德仁等对 RPC 在星载 SAR 处理以及 InSAR 应用方面进行总结(Li et al., 2012)。Capaldo(2012)研究了 COSMO-SkyMed 和 TerraSAR-X 在聚束模式 SAR 几何定位,RSM 和 RPC 模型在 SAR 几何定位方面具有一致性。吴颖丹(Wu, 2013)采用多源星载 SAR 数据进一步比较了 RPC 模型和距离多普勒模型在区域网平差精度和控制点布设方案对精度的影响试验,同样 RPC 模型和 RSM 同样得到相似的几何精度。

在星载 SAR 区域影像几何处理方面,Toutin(2004, 2003)提出了基于稀少控制的星载 SAR 条带影像区域网平差方法。Wang(2018)提出了利用 RPC 进行中国遥感 5 号 SAR 影像的平面平差和正射纠正,平差后获得优于 5 m 的平面精度;Wang 等(2017)采用 RPC 模型进行了多模式高分三号数据的几何精度验证试验,试验证明了高分三号卫星影像在四角布控的情况下能够达到 1.5 像素的几何精度。Wang 等(2018)采用 RPC 模型进行高分三号聚束模型 SAR 立体平差试验,获得 2 m 之内的定位精度。为了有效地解决 SAR 影像特有的透视收缩和叠掩引起的正射影像信息缺失问题,Zhang 等(2011, 2010)提出采用升降轨影像相结合的方法进行信息补偿,实现正射影像制作。

利用 SAR 影像进行大范围的应用需要对多张影像进行镶嵌合成,但受季节、天线方向图标定误差、绝对辐射定标误差及系统稳定性等因素影响,SAR 影像常常存在辐射差异。主要表现为以下两个方面：①同一影像内部辐射不均匀，具体表现为边界条带效应；②不同影像之间存在辐射差异。

　　导致 SAR 影像距离向辐射不一致的主要原因是滚动角误差引起的距离向天线方向图校正误差（Banik et al., 1999），Bast 等（2014）通过影像重叠区域计算滚动角，Jin（1996）利用比值法通过卷积迭代的方法计算增益偏差。但上述方法均是基于各波束增益一致的理想假设下进行的，实际情况远往往不能满足上述要求。Li（2008）采用最小二乘法估计波束间相对增益偏差，进而对各子波束天线方向图同时进行测量来消除其彼此间的相对视角偏移，然后再估计滚动角对影像进行局部增益补偿，可以取得一定效果但运行效率较低。

　　导致波束间存在辐射差异的原因主要有波束间相对发射功率和接收机增益偏差和各波束天线方向图在轨测量值之间的相对辐射偏差等（Dragoševic et al., 2000）。Shimada（2002）等提出在相邻影像重叠部分局部区域调整二者增益使其具有相同的直方图的方法进行影像的增益补偿，但只能选取地势平坦的区域。随后 Shimada（2010）等又提出利用影像重叠区域内插出非重叠区域的增益改正值的方法对影像进行增益校正，但是在上述方法均是假定条带辐射定标准确的前提下进行的局部优化。Lee（2004）等针对全极化 SAR 影像分类的问题，提出利用影像重叠区域保留的后向散射点作为控制对相邻影像进行校正处理。

　　针对星载 SAR 的区域制图来说，如何提升绝对定位精度，如何提升相对定位精度，如何做好匀光匀色。针对第一个问题，第 3 章用几何定标来提升单景的绝对精度；针对第二个问题，采用平面平差消除景景图像之间定位的不一致性；针对第三个问题采用基于随机观测的遥感影像色彩一致性处理来进行匀色处理。

5.2　SAR 平面平差技术

5.2.1　基本原理

　　卫星影像的平面平差是指在区域网平差过程中不求解连接点地面坐标的高程值，仅计算卫星影像的定向参数和连接点物方平面坐标的一种区域网平差方式。和基于 RFM 的立体区域网平差类似，进行平面区域网平差时并不改正 RPC 参数，而是仅仅改正 RPC 模型的系统误差补偿参数。研究表明，基于像方补偿方案能够很好地消除影像的系统误差，从而提高基于 RFM 的影像几何处理精度。

　　基于像方的系统误差补偿模型，最为常用的是仿射变换模型（Zhang，2011b），即 6 个未知数。

$$\left.\begin{array}{l} \Delta y = e_0 + e_1 \cdot \text{sample} + e_2 \cdot \text{line} \\ \Delta x = f_0 + f_1 \cdot \text{sample} + f_2 \cdot \text{line} \end{array}\right\} \qquad (5.1)$$

式中：line 和 sample 为由 RFM 计算得到的影像坐标；(e_0, e_1, e_2) 和 (f_0, f_1, f_2) 为仿射变换系数；$\Delta x, \Delta y$ 为像方改正值。

在式（5.1）的基础上，将像方补偿的仿射项参数（e_0, e_1, e_2）和（f_0, f_1, f_2）作为未知数与地面点平面坐标（X, Y）等未知数一并求解，即得到基于 RFM 模型的区域网平差误差方程式：

$$
\begin{bmatrix} v_r \\ v_c \end{bmatrix} = \begin{bmatrix} \dfrac{\partial r}{\partial e_0} & \dfrac{\partial r}{\partial e_1} & \dfrac{\partial r}{\partial e_2} & 0 & 0 & 0 & \dfrac{\partial r}{\partial X} & \dfrac{\partial r}{\partial Y} \\ 0 & 0 & 0 & \dfrac{\partial c}{\partial f_0} & \dfrac{\partial c}{\partial f_1} & \dfrac{\partial c}{\partial f_2} & \dfrac{\partial c}{\partial X} & \dfrac{\partial c}{\partial Y} \end{bmatrix} \cdot \begin{bmatrix} \Delta e_0 \\ \Delta e_1 \\ \Delta e_2 \\ \Delta f_0 \\ \Delta f_1 \\ \Delta f_2 \\ \Delta X \\ \Delta Y \end{bmatrix} - \begin{bmatrix} r - \hat{r} \\ c - \hat{c} \end{bmatrix} \tag{5.2}
$$

式中：$\Delta X, \Delta Y$ 为待定点的地面坐标改正数。

在每次平差结束之后得到连接点新的平面坐标，此时加入数字高程模型 DEM 作为高程约束，在连接点处通过 DEM 内插该点的地面点坐标高程值 Z，将其与平面坐标（X, Y）一起代入平差系统中进行下一次迭代计算，直到整个平差过程收敛。

5.2.2　武汉区域实验与分析

获取了武汉区域 12 景全极化模式 QPSM1、8 m 分辨率数据，检查采用湖北省高分一号 2 m 分辨率湖北一张图的 DOM 数据和利用资源三号制作的湖北省 10 m 格网的 DEM 数据，精度在平面 5 m、高程 2 m。影像分布略图如图 5.1 所示，共 4 轨 12 景数据。

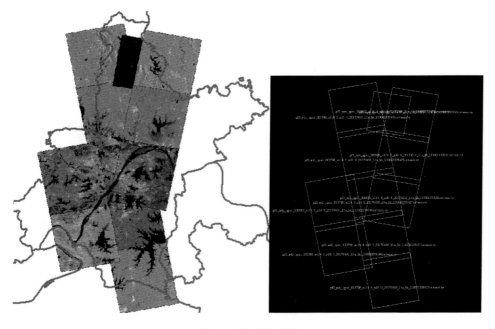

图 5.1　影像分布图

采用人工转刺的方式采集了 8 个检查点，32 个连接点。分布如图 5.2 所示。

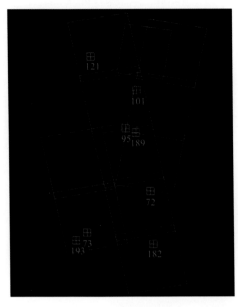

图 5.2　控制点分布图

利用第 3 章的方法对高分三号进行几何定标，利用定标后的参数直接补偿每景影像的 RPC 模型，利用定标补偿后的 RPC 模型直接进行自由网平差，并对比前后结果，平面平差结果如表 5.1 所示，几何定标后无控自由网平差精度优于 8 m，优于定标前的 32 m。

表 5.1　定标前后自由网平差的结果

定标方案	检查点/个	最大残差/m			中误差/m		
		X	Y	平面	X	Y	平面
定标前	8	47.330	27.018	51.247	27.813	16.777	32.481
定标后	8	5.332	−7.489	9.055	4.368	6.406	7.753

通过平面区域网平差进行了定向参数求解后，采用基于 RPC 模型的正射纠正，截取部分重叠区域的纠正后影像与参考 DOM 的叠加示意图（图 5.3），可以得知，在垂轨向和沿轨向，高分三号与高分一号地理底图套合达到了几何无缝。

统计连接点的残差，结果如表 5.2 所示，优于 1 个像素。

表 5.2　武汉区域自有网平差连接点精度

平差类型	平差方案	连接点/个	最大残差/像素			中误差/像素		
			X	Y	平面	X	Y	平面
平面平差	检校前	32	−1.165	−0.906	1.297	0.363	0.261	0.447
	检校后	32	−0.991	−0.888	1.030	0.351	0.244	0.427

图 5.3　光学和 SAR 影像叠加显示图

　　通过平面区域网平差进行了定向参数求解后，统计连接点中误差，优于 1 个像素。截取部分影像间纠正后的接边示意图（图 5.4），在垂轨向和沿轨向，高分三号影像之间的接边达到了几何无缝。

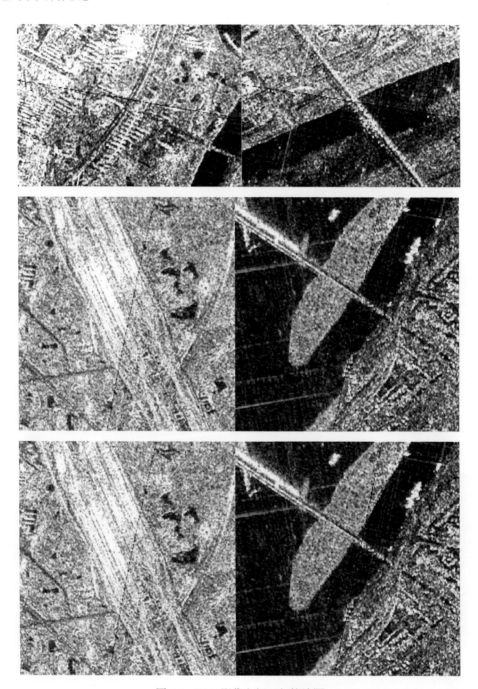

图 5.4　SAR 影像之间几何接边图

5.2.3　湖北区域实验与分析

1．试验数据

采用数据为高分三号卫星影像，拍摄模式为 FS2 精细化条带 2，影像分辨率 10 m。试验区覆盖湖北全省，共有 9 轨数据，31 景影像。检查采用湖北省高分一号 2 m 分辨率湖北一张图的 DOM 数据和利用资源三号制作的湖北省 10 m 格网的 DEM 数据，精度平面5 m，高程 2 m。人工通过 ENVI 对比同一区域高分一号光学影像进行像方量测获取检查点 134 个。具体试验区域相关参数如表 5.3 所示。

表 5.3　试验区基本参数

项目	湖北试验区
影像分辨率/m	10
轨道数/条	9
控制点/个	134
连接点/个	1 028
地形	山区、丘陵、平原

2．试验方案

为了比较和验证高分三号影像定标前后、无控制和稀疏控制下湖北省区域复杂地形环境下的平面平差精度，采用共 31 景高分三号影像进行平面区域网平差，主要采用以下几种方案进行对比试验。

（1）试验一：定标前，无控/带控条件下高分三号平面区域网平差的连接点像方精度。

（2）试验二：定标前，无控/带控条件下高分三号平面区域网平差的检查点物方精度。

（3）试验三：无控/带控条件下，定标前后高分三号平面区域网平差的连接点像方精度。

（4）试验四：无控/带控条件下，定标前后高分三号平面区域网平差的检查点物方精度。

3．试验结果

采用上述的试验方案对湖北省区域高分三号影像进行平面平差试验，连接点、控制点和检查点点位和影像分布图如图 5.5 所示。

试验一、二的结果如表 5.4 和表 5.5 所示，从结果上来看，无控中误差达到了平面<1像素的精度水平，带控中误差在平面 10 m 内，并且控制网平差的连接处精度会比自由网平差略低，这是因为控制点精度不一致。由于平差时的控制点都当作真值，精度较差的控制点会略微降低影响整个区域网的连接精度，体现在接边处的精度存在略微的下降。

表 5.4　湖北省示范区高分三号影像定标前平面平差连接点试验结果

平差方案	连接点/个	控制点/个	检查点/个	中误差/像素			最大误差/像素		
				x	y	平面	x	y	平面
定标前无控	1 082	0	134	0.746	0.650	0.989	2.858	2.628	2.878
定标前带控	1 082	13	121	0.700	0.649	0.955	2.129	−2.617	2.798

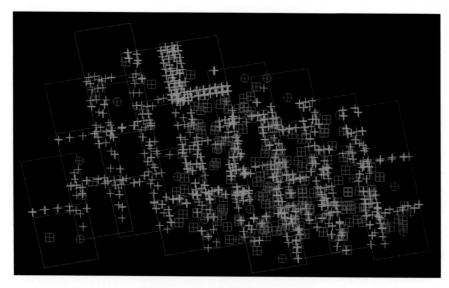

图 5.5　高分三号影像点位分布图

○为控制点；＋为连接点；□为检查点

表 5.5　湖北省示范区高分三号影像定标前平面平差检查点试验结果

平差方案	连接点/个	控制点/个	检查点/个	中误差/m			最大误差/m		
				x	y	平面	x	y	平面
定标前无控	1 082	0	134	29.432	14.869	32.974	38.558	35.453	47.855
定标前带控	1 082	13	121	5.328	6.768	8.614	13.515	17.700	19.421

　　对比测区的无控制平差和带控制平差的结果,从残差图上明显看出,系统误差均被很好的消除了,如图 5.6、图 5.7 所示。

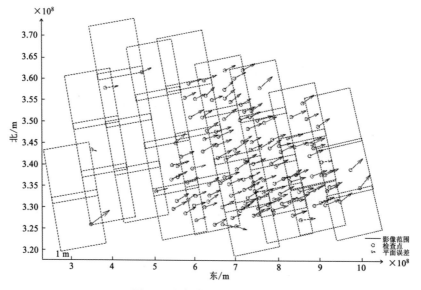

图 5.6　定标前无控平差残差图

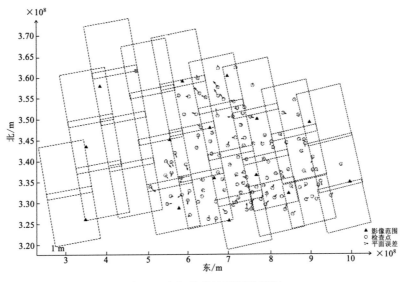

图 5.7　定标前带控平差残差图

试验三的结果如表 5.6、表 5.7 所示。定标前后的结果相对比，无控定标后高分三号的连接点中误差从 0.989 像素降低到 0.806 像素，最大误差由 2.878 像素降低到 2.799 像素，自由网平差的精度相对有所提升，定标后带控精度与无控精度的差距不大。

表 5.6　湖北省示范区高分三号影像定标前后无控连接点平面平差试验结果

平差方案	连接点/个	控制点/个	检查点/个	中误差/像素			最大误差/像素		
				x	y	平面	x	y	平面
定标前	1 082	0	134	0.746	0.650	0.989	2.858	2.628	2.878
定标后	1 082	0	134	0.584	0.556	0.806	−2.500	−2.226	2.799

表 5.7　湖北省示范区高分三号影像定标前后带控连接点平面平差试验结果

平差方案	连接点/个	控制点/个	检查点/个	中误差/像素			最大误差/像素		
				x	y	平面	x	y	平面
定标前	1 082	13	121	0.700	0.649	0.955	2.129	−2.617	2.798
定标后	1 082	13	121	0.629	0.609	0.876	−2.400	−2.332	2.992

试验四的结果如表 5.8、表 5.9 所示。定标后几何定位精度得到了明显提升，直接反映在检查点上，其无控精度得到了大幅度提升，检查点中误差提升比例可达到 70%。

表 5.8　湖北省示范区高分三号影像定标前后无控检查点平面平差试验结果

平差方案	连接点/个	控制点/个	检查点/个	中误差/m			最大误差/m		
				x	y	平面	x	y	平面
定标前	1 082	0	134	29.432	14.869	32.974	38.558	35.453	47.855
定标后	1 082	0	134	4.761	7.733	9.081	16.074	−17.296	17.476

表 5.9　湖北省示范区高分三号影像定标前后带控检查点平面平差试验结果

平差方案	连接点/个	控制点/个	检查点/个	中误差/m			最大误差/m		
				x	y	平面	x	y	平面
定标前	1 082	13	121	5.328	6.768	8.614	13.515	17.700	19.421
定标后	1 082	13	121	4.465	4.879	6.614	−10.783	−16.957	17.680
定标后	1 082	4	130	5.206	5.427	7.520	15.582	−12.924	15.929
定标后	1 082	1	133	5.519	5.860	8.050	15.337	−12.837	15.616

　　利用实验四中的结果做正射纠正，叠加显示垂轨向和沿轨向的影像接边处效果良好，其中部分影像接边情况如图 5.8 所示。

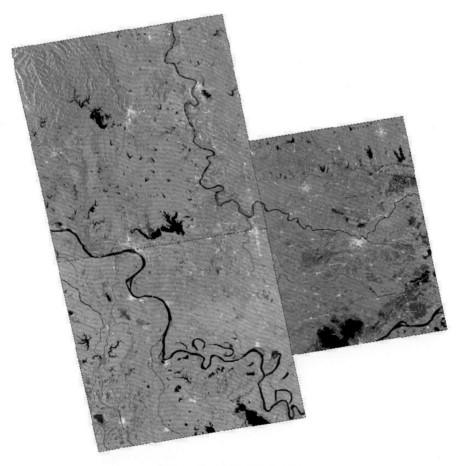

图 5.8　部分影像接边分布图

　　接边细节展示图如图 5.9 所示，可以得知无论在垂轨向还是沿轨向，高分三号影像之间的接边达到了几何无缝。

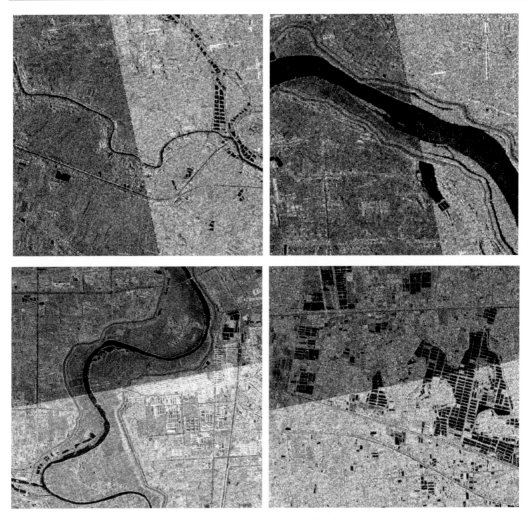

图 5.9　正射纠正后相邻影像的接边示意图

5.3　基于随机观测的遥感影像色彩一致性处理

提出一种针对大范围 SAR 影像辐射一致性处理算法。首先，对源影像降采样处理，通过随机交叉观测实现对研究区域各影像增益改正系数的精确估计；然后，结合 SAR 影像的成像特点，利用影像重叠区域对各影像进行局部辐射校正，生成覆盖研究区域的辐射基准底图；最后，利用辐射基准底图对源影像进行辐射校正。

5.3.1　基于随机交叉观测的 SAR 影像增益改正

对大范围 SAR 影像进行增益校正的关键在于对单张 SAR 影像的增益改正系数的精确估计。假定在一个研究区域中各张影像的辐射不仅与其相邻的影像存在关系，而且与测区所有影像辐射质量都存在关联。如果定义以研究区域内某张影像为辐射基准计算其他影像的增益改正系数视为一次独立的辐射观测,那么以测区其他影像为辐射基准对该影像进行的辐射观测为交叉辐射观测,对应增益改正系数为观测样本。

由于进行辐射传递的过程中误差累计的问题,会造成远离基准位置的 SAR 影像不能得到精确的辐射校正。

假设进行了 N 次独立观测,为描述该随机过程中不同观测结果的统计联系,可将不同观测状态下随机变量的分布函数视为有限维的分布函数族,记为下式:

$$F(C_1, C_2, \cdots, C_n ; \ P_1, P_2, \cdots, P_n) \tag{5.3}$$

随机观测函数包含稳定的统计特性,即对观测集的统计平均:

$$\mu(P) = E(C(P)) \tag{5.4}$$

实际计算中,为使影像的增益改正系数与起算影像本身的辐射质量无关,需要将每次独立辐射观测计算得到的所有影像的增益改正系数规划到全局。

$$\mu^i = \frac{\sum\limits_{n=1}^{N} \dfrac{G_n^i}{\dfrac{\sum\limits_{i=1}^{M} G_n^i}{M}}}{N} \tag{5.5}$$

式中:μ^i 为影像 i 的增益改正系数;G_n^i 为对研究区域内影像 i 进行第 n 次独立观测得到的观测值;M 为研究区域影像总数量;N 为辐射观测次数,即观测样本的数量。

为验证该策略的有效性,对影像在不同观测次数下的增益改正系数进行了统计。随着随机观测次数的增加影像的增益改正系数折线图波动范围逐渐减小并最终趋于稳定,当观测次数大于 100 次时影像的色彩改正系数基本不再改变,这表明随着随机观测次数的增加得到了更为稳定的增益改正系数,即测区各影像得到了稳定的辐射改正。

5.3.2　局部辐射校正

由于天线方向图估计不准确、噪声干扰等因素,SAR 影像表现出明显的边缘条带效应,具体表现为影像边缘部分的亮度高于其中心区域。在充分分析 SAR 影像成像特点的基础上提出了针对性的辐射补偿方法。

区域内的 SAR 影像边缘一般有一定重叠区域,并且经过正射纠正的 SAR 影像可保证相邻影像重叠区域像素级的严格几何对准。SAR 影像中位于影像边缘的辐射亮度较高的像素可能位于与其有重叠影像的中间区域并具有正常的辐射 DN 值,因此,可以利用研究区域其他影像像素的辐射正常的 DN 值校正该影像边缘的辐射值。

即在生成辐射基准图的过程中,取影像重叠区域中 DN 值较低的像素,以补偿影像中由于"条带效应"造成的亮度分布不均衡问题。如下式所示:

$$P_{\text{basemap}}(x, y) = \text{MIN}\left(P_{\text{img}}(x, y)\right) \tag{5.6}$$

式中:$P_{\text{basemap}}(x, y)$ 为生成的辐射基准图;(x, y) 为影像像素的坐标;$P_{\text{img}}(x, y)$ 为单张影像

在 (x, y) 处的像素亮度值。由此可以得到覆盖测区的经过增益改正和局部辐射改正的辐射基准底图，如图 5.10 所示。

图 5.10　辐射基准底图示意

5.3.3　对源影像辐射校正

由于季节、入射角或噪声等影响相邻影像重叠区域局部可能存在纹理不一致的情况，5.3.2 小节生成基准色调底图的过程中，在影像重叠区域取 DN 值较小像素可能会带来纹理的损失，导致底图影像纹理与源影像不符。

从频谱角度分析，影像可分解为高频和低频，高频信息是由灰度的边缘过度造成的，包括影像的粗糙纹理和边缘等，低频信息与影像缓慢变化的灰度分量有关，如影像的色调、背景等，即影像的低频信息反映了其色彩的变化趋势。基于此，提出用覆盖测区辐射基准底图的低频信息作为辐射控制，将测区内源影像的低频信息用对应区域辐射基准底图的低频信息替换，使其呈现与基准辐射底图一致的色调，同时可保证相邻影像重叠区域低频信息完全拟合，使相邻影像接边处的色调完全一致。

源影像的分辨率较高，辐射基准底图的分辨率较低，因此需要对源影像进行降采样处理。这里对影像进行大间隔分块，以计算每块均值的方式对其降采样，分块的间隔以使降采样后影像的分辨率与辐射基准底图分辨率一致为准。

影像的高频和低频信息可用数学模型描述如下：

$$I = L + H \tag{5.7}$$

式中：I 为影像；L 和 H 分别为该影像的低频信息和高频信息，则降采样后源影像和对应区域的辐射基准底图可分别表示如下：

$$\begin{cases} I_{\text{srcdown}} = L_{\text{srcdown}} + H_{\text{srcdown}} \\ I_{\text{ref}} = L_{\text{ref}} + H_{\text{ref}} \\ I_{\text{dstdown}} = L_{\text{ref}} + H_{\text{srcdown}} \end{cases} \tag{5.8}$$

分别提取 I_{srcdown} 的高频信息和 I_{ref} 的低频信息，二者相加得到调色后的影像 I_{dstdown}，如图 5.11 所示，该影像在具有 I_{srcdown} 高频信息的同时其低频信息与 I_{ref} 完全拟合。

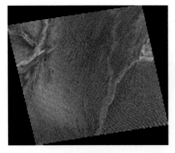
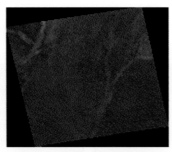
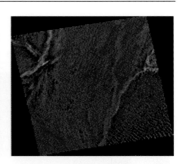

（a）源影像　　　　　　　　　（b）对应区域辐射基准底图　　　　　　　　（c）辐射校正后影像

图 5.11　调色图对比

　　将 $I_{srcdown}$ 和 $I_{dstdown}$ 通过双线性插值的方式升采样到原始影像大小，由于 5.3.2 小节采用大间隔分块取均值的方式降采样，插值得到的影像较为平滑，并且与源影像的拟合度较好，局部可近似代表该区域的均值，可认为二者分别代表源影像和目标影像的低频信息，分别记为 L_{src} 和 L_{dst}。则经过辐射映射的过程如下：

$$I_{dst} = A \times (I_{src} - L_{src}) + L_{dst} \tag{5.9}$$

式中：A 为对高频信息的拉伸系数，根据影像对应像素的 DN 值计算得到。根据式（5.8）计算可得到色彩校正后的影像，即目标影像为高频、低频两部分的组合，其高频信息为经过拉伸的源影像高频信息，其低频信息为辐射校正后的低频信息。

5.4　高分三号全国一张图试验与分析

5.4.1　试验数据

　　SAR 全国一张图试验采用高分三号精细条带二（FSII_10 m）数据 1468 景，DEM 采用 EGM96 模型改正的 SRTM-DEM，检查的 DOM 采用高分二号数据。

5.4.2　试验结果

　　试验采用经过几何定标补偿 RPC 后的高分三号进行无控自由网平差，正射纠正，匀色镶嵌获得高精度且色彩一致性好的 DOM。采用 SIFT 匹配连接点 18 281 个，匹配时间 7 h 20 min，经过粗差剔除后，最终使用连接点 15 838 个，平差解算时间 373.2 s，无控平面平差解结果如表 5.10 所示。

表 5.10　全国高分三号正视影像连接点平面平差试验结果

方案	连接点/个	最大误差/像素			中误差/像素		
		x	y	平面	x	y	平面
定标后	15 838	3.160	−3.524	3.193	0.531	0.513	0.738

从表 5.10 中可以看出,经过无控自由网平差计算后,连接点中误差优于 1 个像素,保证了影像间良好的接边精度。通过叠加显示正射纠正后的影像接边,目视精度良好,其中部分影像接边情况如图 5.12 所示。

（a）沿轨向　　　　　　　　　　　　　　（b）垂轨向

图 5.12　正射影像接边示意图

5.4.3　精度验证

1. 几何精度验证

为精确验证正射产品的定位精度,通过在高分二号高精度底图和高分三号正射影像选取 273 个同名点比对定位精度,检查点均匀分布。

检查点结果（表 5.11）及误差统计（图 5.13）可看出,检差点误差最小值为 0.477 m,最大值为 24.303 m,中误差为 8.014 m,正射影像的精度与高分二号 DOM 对比检验的精度优于 10 m。

表 5.11　检查点物方误差精度表

方案	检查点/个	最大误差/m			中误差/m		
		x	y	平面	x	y	平面
定标后	273	22.472	9.253	24.303	2.483	2.241	8.014

2. 辐射质量验证

未经色彩一致性处理的影像色彩分布质量较差,具体表现为内蒙古、新疆北部亮度偏高,出现明显的亮度跳变,西藏中部区域的影像相对于其邻接影像表现出亮度过高的现象,测区个别轨道的影像与其邻轨影像亮度差异较大。经色彩一致性处理,测区中亮度较高

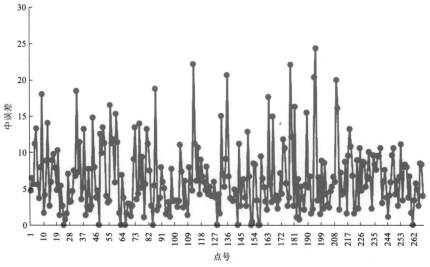

图 5.13　检查点残差图

区域的影像亮度得到了压制,整个测区的目视效果较好,影像纹理清晰,层次感较好。图 5.14 和图 5.15 分别为我国东北和西北局部区域,可以发现经过色彩一致性处理后局部区域色彩过渡平滑,已没有明显色彩差异。

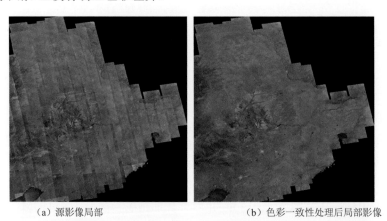

（a）源影像局部　　　　　　　　　（b）色彩一致性处理后局部影像

图 5.14　东北地区匀色对比图

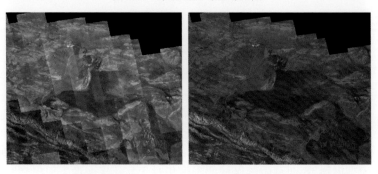

（a）源影像局部　　　　　　　　　（b）色彩一致性处理后局部影像

图 5.15　西北地区匀色对比图

　　为进行客观评价,这里选取了几组典型场景的影像对其重叠区域进行了统计分析,包括山体、水体、平原、城市(图 5.16)。试验中分别统计了上述影像重叠区域的均值、标准差、均方根误差和直方图相似度等参数。均值可以反映影像的整体色调,标准差反映了影像纹理特征的清晰度,二者都是越接近越好;均方根误差可反映影像间纹理的贴合度,按式(5.10)计算,该参数越小表明二者贴合度越好;直方图相似度可反映影像色彩的整体分布规律,按式(5.11)计算,该参数越大表示影像重叠区色调越接近。由表 5.12 可看出算法处理后重叠区域各项统计指标明显偏好,表明影像的重叠区域色彩分布相似度显著提高。

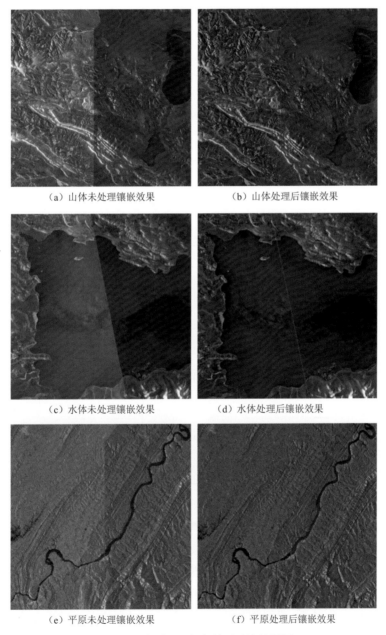

　　　(a)山体未处理镶嵌效果　　　　　　　　　(b)山体处理后镶嵌效果

　　　(c)水体未处理镶嵌效果　　　　　　　　　(d)水体处理后镶嵌效果

　　　(e)平原未处理镶嵌效果　　　　　　　　　(f)平原处理后镶嵌效果

图 5.16　典型场景匀色前后对比效果图

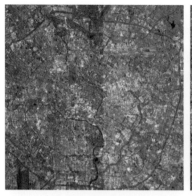 

（g）城市未处理镶嵌效果　　　　　　　　（h）城市处理后镶嵌效果

图 5.16　典型场景匀色前后对比效果图（续）

$$\text{RMSE} = \sqrt{\frac{1}{n} \times \sum_{i=1}^{n}(I_1 - I_2)} \tag{5.10}$$

$$d(I_1, I_2) = \frac{\sum_I (I_1 - \overline{I_1})(I_2 - \overline{I_2})}{\sqrt{\sum_I (I_1 - \overline{I_1})^2 \sum_I (I_2 - \overline{I_2})^2}} \tag{5.11}$$

表 5.12　影像信息统计

试验结果统计	影像	源影像统计指标				匀色后统计指标			
		均值	标准差	均方根误差	直方图相似度	均值	标准差	均方根误差	直方图相似度
山体	Img1	43.30	32.80	58.17	0.39	37.77	32.43	45.55	0.43
	Img2	76.84	52.69			40.14	47.90		
水体	Img1	64.00	36.68	56.28	0.38	21.23	28.83	30.66	0.84
	Img2	29.98	28.20			16.57	23.15		
平原	Img1	61.78	41.43	49.08	0.42	52.16	42.34	47.01	0.76
	Img2	76.47	48.35			52.75	47.45		
城市	Img1	85.29	55.18	60.80	0.18	58.87	53.70	53.66	0.55
	Img2	55.48	42.50			58.01	45.21		

5.5　本章小结

本章系统研究了星载 SAR 区域正射影像制作的原理和方法。提出了采用平面区域网平差消除景景图像之间定位的不一致性，经武汉区域和湖北区域的高分三号影像验证，相对定位精度优于 1 个像素，垂轨和沿轨拼接达到区域几何无缝。提出了基于随机观测的色彩一致性处理方法，选取大范围、时相差异较大的高分三号影像进行试验，影像镶嵌后整体视觉效果较好,接边处辐射过渡平滑,影像重叠区域各项统计指标良好,验证了该算法的有效性和可靠性。采用了覆盖中国的高分三号 10 m 分辨率数据,采用本章的方法进行处理,无控绝对定位精度优于 8 m,接边精度优于 1 个像素,辐射一致性良好。

第6章　SAR卫星InSAR处理

本章简要介绍星载SAR卫星InSAR处理中影像对配准和相位滤波的研究现状,提出顾及相对变形大和失相干严重的配准方法、多尺度相位滤波方法,并采用遥感13A和高分三号卫星的数据进行试验,验证配准方法和滤波方法的有效性,以及遥感13A、高分三号所能达到的DEM以及沉降精度。

6.1　SAR卫星干涉数据处理研究进展

合成孔径雷达数据经过保相成像后一般以单视复数影像的形式存储,符合一定条件的两张单视复数影像经过一系列数据处理形成干涉相位图并生成最终产品,如数字表面模型(digital surface model, DSM)和形变图等。InSAR数据的基本处理一般包括几个步骤:干涉像对精配准,预滤波,干涉处理,基线估计,平地相位去除,相位滤波和相位解缠。干涉数据处理的各个环节都会对干涉结果的质量产生一定的影响。干涉像对的配准精度直接影响了干涉相位精度和相干性,空间基线的精度关系到地形数据提取的精度,相位滤波改善了干涉对的相干性,但可能会一定程度地引起干涉相位的细节损失,并影响到相位精度,也会对后续相位解缠算法的复杂度和精度产生影响。

6.1.1　InSAR影像对配准

为了保证干涉相位精度,满足相干性的需求,SAR影像干涉对的配准需要达到较高的精度,一般要求在0.1像素以内(Bamler et al., 1993)。由于InSAR像对具有平行观测特殊性,角度差异小,影像间的相对几何变换关系较为简单,以常量为主要成分,比例变形和高频变形的成分较小,对于高精度配准是有利的。总之,InSAR像对配准具有"精度要求高"、"信噪比低"、"几何变换关系简单"的特征,因此,实现InSAR像对高精度配准在于,通过影像上一定数量的高质量配准点的高精度配准结果,来反映并拟合影像对全局的配准关系。

汪鲁才等(2003)利用相关匹配对影像进行粗配准,并对控制点的值进行内插,然后采用最大谱图像配准方法以亚像素单元进行精配准,其配准精确度达到亚像素级;唐智等(2004a)基于方向加权的相关系数进行配准,在干涉条纹密集、相关窗口较小时,可以抑制干涉条纹边缘的噪声,得到更好的配准效果;Marinkovic等(2004)使用Harris算子进行配准点自动检测,提高了配准点数量并改善了其空间分布;Nicolas(2005)针对InSAR观测时轨道不平行的问题,结合Fourier-Mellin变换和相干系数法对存在夹角的InSAR图像进行配准;刘宝泉等(2007)通过边缘检测和模板相关提取特征点,建立点的对应关系,然后利用两步法完成复图像的亚像元级配准,具有较高的配准精度;王孝青等(2007)从矩阵相似度的角度分析 InSAR 图像对之间的相关性,给出了一种加权相似度度量,并给出了探测和别除噪声污染的原理和方法,提高了配准精度和可靠性。而 Wang 等(2014,2012)的配准思路也主要是建立在影像中的高质量配准点的提取和配准之上。彭曙蓉等(2007)采用了整体松弛法粗配准和最小二乘法精配准相结合的配准策略,减少了误配率,提高了配准精度;张登荣等(2007)提出了基于相干系数、Harris 特征点、小波金字塔及TIN 三角微分纠正技术的 SLC 影像配准方案;喻小东等(2013)使用尺度不变特征变换(scale-invariant feature transform,SIFT)算法进行 InSAR 影像配准,在影像发生平移、旋转、缩放等变换下,依然能够取得良好的配准效果。

　　根据 InSAR 像对关系的独特性,要实现 InSAR 影像高精度配准,在于通过影像上一定数量的高质量配准点的高精度配准结果,来反映并拟合影像对全局的配准关系。这其中关键的问题在于,高质量配准点的确定,以及如何对配准点进行高精度的配准。但目前许多关于 SAR 干涉像对的配准研究,并没有紧扣 InSAR 影像对的几何辐射特性来进行。由于干涉 SAR 平行观测的特性,使 InSAR 影像对的配准关系可以用简单的数学表达式来表达,在这一前提下,通过特定的相关测度可以实现配准单元的完整套合,得到高精度的配准结果。但是,在空间垂直基线大、空间平行基线时变快、观测区域的高程起伏大、两次观测时的脉冲重复频率差异较大、信噪比低或失相干等情况下,InSAR 影像间较为简单的变换关系并不成立,SLC 影像之间可能存在线性或高频的变换关系,影响 InSAR 干涉对之间精配准精度。在简单几何关系的条件下,只有兼顾了几何关系对配准精度带来的影响、以及噪声干扰下误配率高但配准精度要求也高这两方面因素,才能实现 InSAR 像对的高精度配准。

　　InSAR 影像配准是一个复杂的问题,配准精度、算法效率、自动化程度等都是评价配准方法的重要指标,在国内外所有学者对 InSAR 像对配准的研究中,无一例外地采用了从粗到细的配准策略,这也是 InSAR 影像配准的有效途径,但是粗配准基本都是解算影像的大致相对几何关系,或者定位同名点的粗略位置,并没有消除影像间线性或高频的变换关系,依然会影响到精配准的效果。

6.1.2　InSAR 相位滤波

　　InSAR 影像中存在的噪声干扰会严重影响相位解缠的效果进而影响最终精度,因此,为了提高信噪比,保证相位解缠的精度,需要对干涉图进行相位滤波操作。InSAR 相位滤波的关键在于滤除噪声的同时尽可能地保留相位中有效的信息,避免地形相关相位或形变相关相位等有用信号的损失或改变。目前 InSAR 相位滤波方法可分为空间域滤波和频率域滤波(林卉 等,2005)。

　　在空间域滤波方法中,由于干涉相位缠绕的特性,在干涉条纹中会呈现阶跃变化的现象,并且条纹的疏密程度与基线参数和地形起伏的程度等因素有很大关系,经典的均值滤波(唐智 等,2004b)或中值滤波(Lanari et al.,1996)等不考虑干涉条纹特性的滤波方法并不适用,这类方法会导致相位损失,滤波精度较差,不利于后续的处理。目前用于去除条纹密度相对较小的干涉影像相位噪声的空间域滤波方法中,效果较好的有多视滤波和矢量滤波,但是对于条纹密度较大的区域,滤波效果依然不够理想。空间域滤波有代表性的是 Lee 滤波。Lee 滤波(Lee et al., 1998))通过局部解缠,估计中心像素邻域内的坡度并改善中心像素,但局部解缠计算复杂、费时且目视效果差。此外,空间域滤波还发展了复数空间自适应滤波(廖明生 等,2003)、最优方向融合滤波(尹宏杰 等,2009)、数学形态学(Mashaly et al., 2010)、EMD 自适应滤波(黄长军 等,2013)等方法。廖明生等(2003)在梯度计算时只考虑了水平和垂直方向,易辉伟等(2013)进行了改进,有更强的自适应性,其采用了最优方向融合滤波结合相干性选择线性方向窗口滤波,增强了 Lee 算法的稳健性。数学形态法(Mashaly et al., 2010)在 Lee 滤波中进行膨胀腐蚀得到边缘,增强了边缘信息,但强噪区滤波效果有待提高。EMD 自适应滤波(黄长军 等,2013)根据信号和噪声经验模态分解后表现的不同特征再进行自适应滤波,但尺度函数和 IMF 滤波个数的确定计算复杂。另一种较好的滤波方法是基于局部统计信息的自适应滤波方法(Bo et al., 1999),该方法使用了相干图来评价噪声标准差,并采用自适应的滤波窗口,沿着干涉条纹的方向进行窗口分布,避免条纹密度大的区域受滤波的影响导致相位信息损失,该方法在滤除相位噪声的同时能较好地保留相位梯度。

频率域滤波的思路在频率域下分离有效相位和噪声,固定通频的低通滤波器、高通滤波器和带通滤波器均没有考虑条纹频率在影像空间的变化,因此并不适用,而 α 滤波(Goldstein et al., 1998)、频谱加权滤波和主频率成分提取滤波(靳国旺 等,2006)等方法则效果相对较好,但会受条纹类型等因素的限制。经典频率域滤波为 Goldstein 滤波(Goldstein et al., 1998),算法简单,应用广泛。Goldstein 算法虽然能滤除大部分噪声,对于不同频率的干涉条纹可以进行不同程度的自适应滤波,也正是因为这个特点,Goldstein 滤波算法对低相干区域的滤波效果较差,也会丢失大量边缘信息,给最终产品数字表面模型和测量形变带来误差。Sun 等(2013)、Li 等(2008)、Baran 等(2003)在 Goldstein 算法基础上又提出了改进算法,这些算法主要是调整了滤波因子,使干涉图滤波效果有所改善。

实际上 InSAR 干涉图空间域和频率域滤波是以干涉相位的频率特性时不变或同级特性平稳为前提的,但实际干涉信号经常出现非平稳性(尹宏杰 等,2009),因此,对其进行空间域或频率域滤波时得不到理想的滤波结果,可以把空间域或频率域分析结合起来,采用时(空)频分析方法对干涉图进行滤波处理,以便于提高精度,增强滤波效果。目前时频分析滤波方法主要是小波滤波方法等。由于小波分析方法是一种频率窗和时间窗均可改变的时频局部化分析方法(巩萍 等,2005),小波分析能够有效地区分信号中的噪声和突变部分,因此,基于小波分析的相位滤波方法既能去除噪声,又能保持相位突变时的相位值,是一类较好的噪声滤波方法(潘泉 等,2007;石为人 等,2002)。例如岳焕印等(2002)提出了一种干涉图的小波域多尺度滤波算法,对干涉图的实部和虚部分别进行处理,用 Pearson 分布系确定了信号和噪声项小波系数的概率密度函数,然后用最大后验概率准则估计无噪数据的小波系数。汪鲁才等(2005)提出一种基于小波分析和中值滤波相结合的 InSAR 干涉相位图滤波算法以改善滤波效果。何儒云等(2006)提出一种基于小波变换的 InSAR 干涉图滤波算法,此算法先用小波变换对干涉图数据做多级分解,得到图像的多级近似部分系数和 3 个方向的细节部分系数,然后分别对每一级各个方向的细节部分系数检测其是否为对应方向的边缘,对边缘处的系数根据边缘的方向不同,用不同的方向模板平滑后,再进行中值滤波,对非边缘处的系数直接进行中值滤波。靳国旺等(2008)提出矢量分离式小波软阈值滤波方法,能有效地保持干涉图中的相位信息。蔡国林等(2009)提出采用小波维纳滤波对相位滤波,能更有效地滤除噪声,然其多次进行的小波维纳滤波,使滤波后的干涉图产生了块状效应。范洪冬等(2012)将双树复小波用于干涉图去噪,去除了噪声还保持了干涉图的细节纹理信息,但在滤波函数模型中没有考虑复小波系数为复数的情况,丢失了虚部信息,导致信号相位噪声的增加影响滤波效果。

在 SAR 影像成像处理和 InSAR 数据的多视处理过程中已经一定程度上消除了某些噪声,剩下的噪声需由滤波处理来去除,经典的 InSAR 相位滤波方法有自适应 Lee 滤波(Lee et al., 1998)、Goldstein-Werner(G-W)滤波(Baran et al., 2003; Goldstein et al., 1998)、自适应 Suksmono 滤波等,以及在此基础上发展和改进的方法。此外,基于小波分析的相位滤波方法也是一类较好的相位噪声滤波方法(潘泉 等, 2007; 石为人 等, 2002),小波分析能够有效地区分信号中的噪声和突变部分,在去除噪声的同时保持相位突变时的相位值。岳焕印等(2002)、汪鲁才等(2005)以及何儒云等(2006)均在小波分析的基础上研究了 InSAR 相位滤波的处理方法,本章中提出了一种基于小波域多尺度相位滤波新的实现方法。

6.2　顾及相对变形大和失相干严重的 InSAR 影像配准方法

6.2.1　几何关系对 InSAR 干涉对配准分析

用于 InSAR 的 SAR 影像为斜距投影,影像上距离向像素以等斜距间隔分布,同一列的像点对应同一个斜距值。

设主影像上坐标为 (x_1, y_1) 的像点与辅影像上坐标为 (x_2, y_2) 的像点对应同一个地物点,同时设主影像的近距端,即首列的斜距值为 R_0^m,而辅影像首列的斜距值为 R_0^s,像点 (x_1, y_1) 对应斜距 R_1,像点 (x_2, y_2) 对应斜距 R_2,影像的斜距采样间隔为 d_R,则该同名点对的斜距差为

$$
\begin{aligned}
\Delta R &= R_1 - R_2 \\
&= (R_0^m + x_1 \cdot d_R) - (R_0^s + x_2 \cdot d_R) \\
&= (x_1 - x_2) \cdot d_R + (R_0^m - R_0^s)
\end{aligned}
\tag{6.1}
$$

对于整个影像对, $R_0^m - R_0^s$ 为固定值,简记为 c,而 $(x_1 - x_2)$ 即为主影像与辅影像在距离向上的偏移量 off_r,因此,有

$$
\Delta R = \mathrm{off}_r \cdot d_R + c
\tag{6.2}
$$

式(6.2)表示了影像间距离向配准偏移量与斜距差之间的关系。

距离向偏移量在距离向上通常不是一个常数,对其进行定性分析,如图 6.1 所示,主影像上像面距离相等的一系列点,分别通过斜距投影的成像几何关系对应辅影像上的另一序列点,则主辅影像上各点对（对应同一地物点 P_i）的偏移量 off_i 均不相同。这主要是由于卫星两次观测目标时的位置不同,即基线 B 的存在使距离向偏移量不断变化,且为非线性变化。

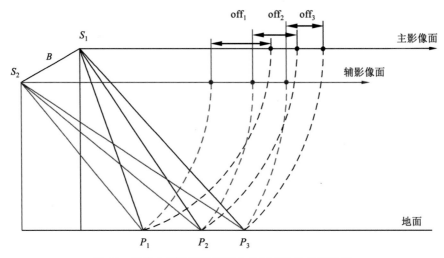

图 6.1　距离向偏移量随距离向坐标变化的几何关系

实际上图 6.1 表示的情况还未考虑地形起伏的影响,只是对地面平坦的假设下做定性分析,如果将地形因素考虑在内,则主辅影像间的配准关系会变得更加复杂,此时需要定量分析各项因素的影响,包括偏移量沿距离向的变化率数学模型,基线对偏移量变化率的影响,地形对偏移量的影响等。

距离向偏移量也能分解为由参考面位置引起的偏移分量和由相对高程引起的偏移分量,为简化分析,取辅影像上斜距值与主影像近距端斜距值一致的列为第 0 列,即式（6.2）中 $c = R_0^m - R_0^s = 0$,此时

$$\text{off}_r = \frac{B \sin(\theta^0 - \alpha)}{d_R} + \frac{B \cos(\theta^0 - \alpha)}{d_R R_1 \sin \theta^0} \cdot h \tag{6.3}$$

式中: off_r 为主影像当前配准点的距离向偏移量; B 为基线长度; α 为基线与水平方向的夹角,即基线倾角; R_1 为当前主影像配准点对应的斜距; d_R 为影像斜距采样间隔; h 为观测目标点相对参考平面的高度; θ^0 相当于当前配准点在参考平面上时的卫星视角,即为卫星相对参考平面的高度 H 与 R_1 的比值的反余弦值:

$$\cos \theta^0 = \frac{H}{R_1} \tag{6.4}$$

由式（6.3）可以看出,由于 $h \ll R_1$,距离向配准偏移量主要与目标点的平面位置有关,而高程的影响很小。

以上分析了对距离向偏移量大小产生影响的因素,然而在配准处理中,更重要的是分析配准关系的变化情况,以下分别分析两个因素对距离向偏移量变化率的影响,即不考虑地形时距离向偏移量沿距离向和方位向坐标变化而变化的情况,以及距离向偏移量随地表高程变化而变化的情况。

1. 距离向偏移量与基线关系分析

假设地形起伏不明显,高程因素对偏移量的贡献可忽略不计,设距离向影像坐标为 r, r 的变化对应斜距 R_1 的变化,即引起视角 θ^0 的变化,结合式(6.2)和式(6.3),则距离向偏移量沿距离向坐标的变化率为

$$
\begin{aligned}
\frac{\partial \mathrm{off}_r}{\partial r} &= \frac{\partial \mathrm{off}_r}{\partial \theta^0} \cdot \frac{\partial \theta^0}{\partial R_1} \cdot \frac{\partial R_1}{\partial r} \\
&= \frac{B\cos(\theta^0 - \alpha)}{R_1 \tan\theta^0} \\
&= \frac{B_\perp}{R_1 \tan\theta^0}
\end{aligned}
\tag{6.5}
$$

垂直基线 $B_\perp$ 越大,则影像间的偏移关系沿距离向的非线性变化就越快。对于空间基线较长的干涉对,假设基线长度 $B=1\,000\,\mathrm{m}$,斜距 $R_1 = 750\,000\,\mathrm{m}$,视角 $\theta^0 = 23.5°$,基线倾角 $\alpha = 45°$,则对于配准点 p,设用于计算相关测度的配准单元距离向范围为 64 像素,根据式(6.5),则在一个配准单元内,由于距离向坐标差异引起的偏移量不一致程度就达到了约 0.1 像素,若基线长度为 $2\,000\,\mathrm{m}$,则这种距离向的偏移量模糊度就增加到 0.2 像素左右。

同样在地形因素忽略不计的情况下,设方位向影像坐标为 az, az 的变化主要对应了干涉对基线的变化,同时设影像的行时采样间隔,即行时采样间隔为 d_R,结合式(6.3),则距离向偏移量 off_r 沿方位向坐标的变化率为

$$
\begin{aligned}
\frac{\partial \mathrm{off}_r}{\partial az} &= \frac{\partial \mathrm{off}_r}{\partial B} \cdot \frac{\partial B}{\partial t} \cdot \frac{\partial t}{\partial az} \\
&= \frac{\sin(\theta^0 - \alpha) \cdot d_\tau}{d_R} \cdot \frac{\partial B}{\partial t} \\
&= \frac{d_\tau}{d_R} \cdot \frac{\partial B_\parallel}{\partial t}
\end{aligned}
\tag{6.6}
$$

即距离向偏移量沿方位向的变化情况与斜距采样间隔、行时采样间隔和平行基线的时间变化率有关。如图 6.2 所示,在主影像上沿方位向分布的两个点,距离向坐标一致,但获取期间内卫星的相对位置发生了变化,即基线随时间有了改变,此时在辅影像上对应的两个点,距离向坐标不一样,即距离向偏移量随基线的变化而变化。假设影像斜距采样间隔 $d_R = 2\,\mathrm{m}$,行时采样间隔 $d_\tau = 3\times10^{-4}\,\mathrm{s}$,平行基线的时间变化率为 $\partial B_\parallel / \partial t = 10\,\mathrm{m/s}$,用于计算相关测度的配准单元方位向范围为 64 像素,则距离向偏移量的变化约为 0.1 像素。

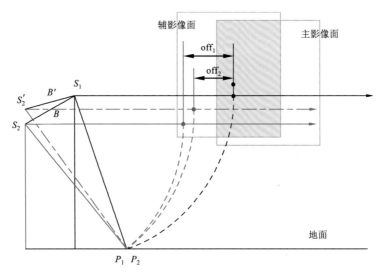

图 6.2　距离向偏移量随方位向坐标变化的几何关系

2．距离向偏移量与地形起伏关系分析

当考虑地形起伏的时候，则根据式（6.3），不同像元之间对应的高程差引起距离向偏移量产生变化的程度为

$$\frac{\partial \mathrm{off}_r}{\partial h} = \frac{B_\perp}{d_R R_1 \sin \theta^0} \tag{6.7}$$

垂直基线 $B_\perp$ 越大，则偏移量对像素间的高程差越敏感。另外，高程差越大、斜距采样间隔越小，由像素间高程差引起的偏移量差异越大。

分析像元间高程差对距离向偏移量变化的影响，可分为距离向偏移量沿距离向变化和沿方位向变化两个方向。

图 6.3 为考虑地形起伏的情况下，目标点距离向位置差异和高程差异对偏移量产生的

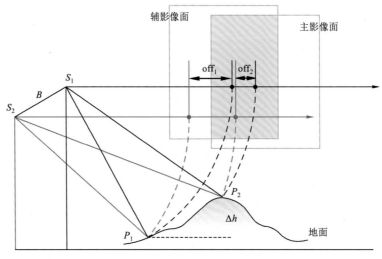

图 6.3　考虑地形因素下的距离向偏移量随距离向变化的几何关系

综合影响。对比图 6.3 和图 6.4 可知,主影像上坐标固定的两个点,当考虑地形因素(图 6.3)时,投影到地面的位置 P_1、P_2 和不考虑地形(图 6.4)时是不一样的,对应辅影像上的像点坐标也是不一样的,因此,两种情况下对应的偏移量 off_1、off_2 也发生了改变,图 6.3 中距离向偏移量的差异比图 6.4 的情况增加了地形起伏贡献的成分。

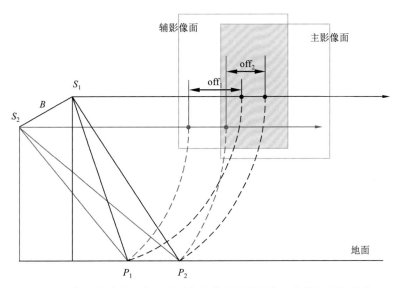

图 6.4 未考虑地形因素下的距离向偏移量随距离向变化的几何关系

图 6.5 为假设轨道平行的情况下,方位向上的高程差对距离向偏移量的影响,P_1、P_2 分别为主影像上距离向坐标相同、方位向坐标不同的两个像元所分别对应的地面点(即 P_1、P_2 在主影像上斜距相同),高程相差 Δh,此时 P_1、P_2 在辅影像上对应的像元距离向坐标不一样,因此产生的距离向偏移量 off_1、off_2 不相同,即距离向偏移量随着方位向高程变化而变化。

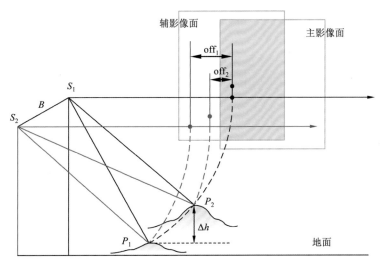

图 6.5 考虑地形因素下的距离向偏移量随方位向变化的几何关系

根据式（6.7），假设基线长度 $B=1\,000$ m，斜距 $R_1=750\,000$ m，视角 $\theta^0=23.5°$，基线倾角 $\alpha=45°$，影像斜距采样间隔 $d_R=2$ m，此时配准单元中存在 100 m 的高程差，则对应的距离向偏移量差异约为 0.08 像素，当基线长度达到 2 000 m，则由 100 m 高程差引起的偏移量差异就达到了 0.16 像素，此外还要加上由于距离向坐标和方位向坐标不同引起的偏移量差异值，并且地面高程往往不符合简单规律，对偏移量的变化有较为复杂的影响，会对配准精度产生明显的影响。

3. 距离向偏移量与脉冲重复频率差关系分析

当采用影像窗口通过一定的相关性测度计算偏移量时，这种由雷达成像方式和地形起伏所带来的影像间非线性几何变换关系，会使窗口偏移量存在一定程度的不确定性，对于在频域进行窗口相关性分析时，这种非零频的映射关系会使影像间存在一定程度的频率缩放关系，影响偏移量的确定。在距离向上，垂直基线越长，则由于距离向坐标差异形成的偏移量不一致程度越高，且高程差引起的偏移量差异也越大，综合地导致窗口距离向偏移模糊度越大。在方位向上，平行基线的变化率越大，即轨道平行程度越低，则配准窗口的距离向偏移量估计精度越低。

卫星以正侧视两次观测同一个区域，轨道完全平行且飞行速度一致的情况下，卫星对该区域的成像时间是一致的，若雷达的脉冲重复频率也一致，则所形成的主辅影像的行时一致，此时在方位向上，同一地区对应的影像方位向坐标跨度也是相同的，即主辅影像的方位向偏移量不变。因此，导致影像对之间方位向偏移量变化的原因有两个方面，其一是由于卫星两次观测同一个目标区域时的轨道不平行或速度有差异，其二是两次观测时的 PRF 不同。

实际上，第一个因素对方位向偏移量的变化几乎没有影响，可忽略不计。在这种情况下，设卫星两次观测目标区域时的 PRF 一致，则方位向像素偏移量的变化率估计值为

$$\frac{\partial \text{off}_{az}}{\partial az} = 1 - \cos\left[\arctan\frac{d_\tau}{d_{az}} \cdot \frac{\partial B_h}{\partial t}\right] \tag{6.8}$$

假设 $d_\tau=3\times10^{-4}$ s，距离向像素间隔 $d_{az}=5$ m，则即使水平基线的时变率 $\partial B_h/\partial t$ 达到 100 m/s，方位向像素偏移量的变化率 $\partial \text{off}_{az}/\partial az$ 也只有 5.5×10^{-7}。

而两次观测时的 PRF 不一致则可能导致较大的方位向像素偏移量变化，假设两次观测时的 PRF 分别为 prf_1 和 prf_2，则由于 PRF 差异引起的方位向像素偏移量变化率估值为

$$\frac{\partial \text{off}_{az}}{\partial az} = 1 - \frac{\text{prf}_2}{\text{prf}_1} \tag{6.9}$$

假设 prf_1 和 prf_2 分别为 2 365 Hz 和 2 360 Hz，若配准单元大小为 64 像素，则方位向偏移量模糊度将达到 0.135 像素。大多数情况下两次观测的 PRF 值非常接近，但有时为了观测需求，会一定程度地调整 PRF，此时可能造成方位向配准精度低的问题。

4. 距离向偏移量非线性关系总结

引起影像对配准偏移量变化率较大的因素主要有垂直基线较长、平行基线变化较快、地形起伏较大、斜距采样间隔较小、脉冲重复频率差异较大等。在这些情况下，配准单元会存在较大的偏移量模糊度，影响偏移量的计算精度。为了减小偏移量模糊度，可以缩小

互相关测度计算窗口的大小,然而这个操作同样也会降低偏移量估计的精度。因此,为了保证配准单元的配准精度,需要事先计算并消除配准单元内部的非平移分量,使配准单元在只存在偏移关系的情况下准确计算偏移量。

6.2.2　顾及相对变形大和失相干严重的配准方法

对于只包含粗轨道数据的影像对,首先在主影像上均匀分布若干个点,如 8×8 个,然后通过轨道参数分别计算这一系列点在辅影像上所对应的位置,通过最小二乘平差得到主辅影像间大致的转换关系。通常利用轨道参数和平均高程,如果有 DEM 则可利用具体的高程值,采用距离多普勒模型或 RPC 模型计算主影像上每个点的空间坐标,然后反算到辅影像上得到对应的影像坐标,得到每个点在主辅影像上的偏移量,通过这一系列偏移量来确定配准多项式中的各项系数。该多项式可用来消除影像间由于轨道夹角所引起的非平移关系,即使轨道参数不够精确或者缺乏 DEM 数据,也已经足够抑制具体每个配准单元内所包含的非平移成分所带来的不利影响。

对于提供了精密轨道数据的影像对,可根据轨道信息和 DEM 计算每个点在主辅影像上的偏移量,获得主辅影像间的转换关系,此时的配准误差主要是由于时间误差所引起的,是个低频的系统误差(Wang et al., 2014; Massonnet et al., 1995)。然后基于点目标的配准消除该系统误差(Nitti et al., 2011; Sansosti et al., 2006)。

可根据得到的多项式对辅影像进行重采样,该过程消除了影像对之间大部分的非平移关系,有利于得到更高的 SNR 值并更精确地估计偏移量,其次是为后续的快速选取配准区域提供了条件,通常采用 2-D sinc 函数进行重采样。

在此基础上进行配准点自动选取,Serafino(2006)将 2D sinc 模版与 SAR 影像进行互相关计算进行选点,从互相关矩阵中寻找极值点作为理想的配准点,该方法对单张影像进行,不考虑影像之间的相干性,并且效率较低,选出来的点可能过于密集;Wang 等(2014, 2010)使用分离几何相干图和时域相干图的方法进行,该方法适用于干涉对的时空基线均较小的情况,且前提是两张影像已经进行了较为精确的配准,才能进行准确的相干性估计,因此,不一定适用;Hu 等(2014)采用简单的强度阈值选取点目标,有可能误选到噪声点。提出采用计算主影像与重采后辅影像间 SCR 结合强度阈值的方法进行选点。为了减少计算量,并抑制几何配准时配准精度较低对 SCR 计算产生的影响,首先对两张影像进行向下采样,再计算下采样图像对的 SCR 值,通过设定阈值排除 SCR 过低的点,然后从 SCR 图中选取高强度值的点,确保后续配准时能够得到更为可靠的偏移量,尤其对于影像包含大面积水域等情况,可以避免大多数没有必要的计算量,极大地提高配准效率。

为了避免局部区域内配准点过于密集而导致计算量增大,尤其是城市地区,事先对配准点进行抽稀,即在一定范围内只保留 SCR 最大的配准点。然后在剩下的各配准点周围设置一定大小的窗口进行偏移量估计,通过计算以高质量配准点为中心的互相关窗口获取距离向和方位向的高精度偏移量。

经过基于探测点目标的精配准之后,得到主影像与第一次重采样后的辅影像之间的转换关系,将该关系简记为

$$(x_{s'}, y_{s'}) = f_2(x_m, y_m) \tag{6.10}$$

式中：(x_m, y_m) 为主影像的像点坐标；$(x_{s'}, y_{s'})$ 为经过第一次重采样后辅影像的像点坐标，函数 f_2 的具体形式即为式（6.10）所表示的，可以得到主辅影像的配准多项式，即

$$(x_s, y_s) = f_1(f_2(x_m, y_m)) \tag{6.11}$$

此时根据（6.11），可将辅影像重采样至主影像的结构下。图 6.6 描述了配准方法。

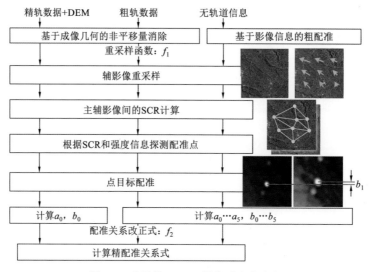

图 6.6　改进的 InSAR 影像对配准流程

6.2.3　遥感 13A 数据实验与分析

香港机场地区（图 6.7）的遥感 13A 影像信息如表 6.1 所示。分别采用经典配准方法和本书提出的方法对影像进行配准，以验证本书所提出的算法在影像间相互变形大或失相干严重的情况时的表现，并比较分析了配准结果。

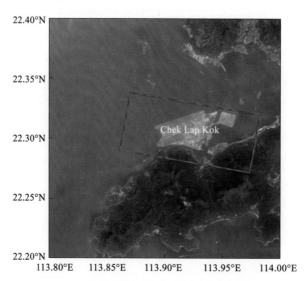

图 6.7　香港机场实验区的地理位置（红框内）

表 6.1　香港机场实验区 SAR 数据基本情况

参数	主影像	辅影像
获取时间	2015.12.20	2016.01.18
波长/cm	3.1（X 波段）	—
入射角	38.7°	—
轨道	降轨	—
成像模式	条带	—
距离向采样间隔/m	1	—
方位向采样间隔/m	1	—
影像宽度	8 016	8 016
影像高度	6 167	6 159

　　为了和经典方法进行对比,分别采用所提方法和经典方法对该数据组进行配准实验。对于经典方法,采用了大小为 128×128 的配准窗口,为了使配准窗口不重叠地覆盖整张影像,距离向和方位向上的窗口数目设置为 64×48,一共需要计算 3 072 个偏移量。

　　而对于提出的方法,首先利用轨道数据对影像进行配准,然后通过初步配准后的主辅影像间的 SCR 阈值,结合选取了一系列配准点。在点密度与传统方法相当的条件控制下,得到了 1 326 个配准点,如图 6.8 中红点所示,即偏移量的计算量大约仅为传统方法的 43%。这主要是因为影像上的水域面积比例超过了一半,而选点策略成功地避开了这些区域。

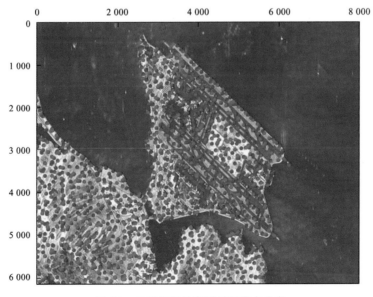

图 6.8　自动提取的高质量配准点分布

　　传统方法的二项式拟合均方根误差在距离向上为 0.064,方位向上高达 0.269,而本书所提方法在两个方向上则分别是 0.029 和 0.051,明显优于传统方法。图 6.9 和图 6.10 为两种方法得到的多项式差异,可以看到,方位向上的最大差异超过了 0.35 像素。

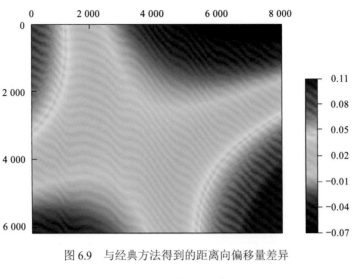

图 6.9　与经典方法得到的距离向偏移量差异

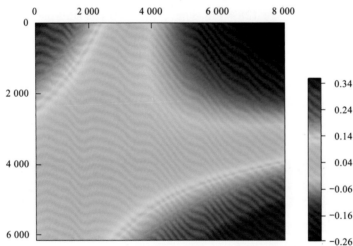

图 6.10　与经典方法得到的方位向偏移量差异

导致传统方法配准精度低的原因除了水域中个别偏移量影响了多项式系数的确定以外，主要还在于影像之间的脉冲重复频率差异。两张影像的 PRF 分别为 8 100 Hz 和 8 200 Hz，使方位向的偏移量以 0.012 的速率沿着方位向变化，如图 6.11 所示。这就意味着当配准窗口大小为 64×64 时，窗口内部方位向上的平移量估计模糊度高达 0.8 像素左右，不精确的偏移量估计影响了最终的配准精度。

为了进一步验证非平移量的消除在配准中的作用，将所提方法与 Serafino（2006）的方法进行了对比。Serafino 采用了孤立的点目标（isolated point scatters，IPS），类似于所提方法中基于配准点进行配准的策略，但未涉及之前的非平移量消除过程。由于 Serafino 使用 sinc 模版进行选点，得到的配准点过于密集，且有部分落于水中，为了便于对比分析，对 Serafino 的方法进行改进，采用所提方法提取的配准点来实施配准方法。

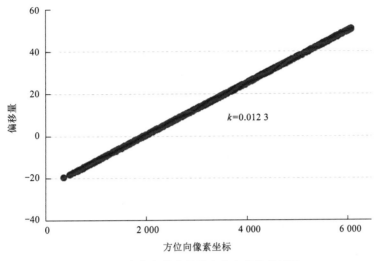

图 6.11　方位向偏移量随方位向变化的情况

　　图 6.12 显示的是两种方法得到的 SNR 值的直方图及其累计分布函数,可以看到在消除了非平移量之后,估计互相关时得到的 SNR 值普遍比未消除非平移量时高。在经过粗差剔除迭代估计之后,分别得到了距离向和方位向的偏移量残差随着影像方位向变化的情况,如图 6.13 和图 6.14 所示,图 6.13 中蓝色×标记和红色•标记分别代表了消除非平移量影响前后所得到的偏移量估计残差。对于距离向的偏移量残差,两种方法得到了相似的结果,其中提出的方法得到的 RMSE=0.029 4 小于直接利用点系列估计得到的 RMSE=0.043 0。然而对于方位向的偏移量,未消除非平移量影响的方法计算得到偏移量很不稳定,其 RMSE=0.201 9 要远大于提出方法所得到的值 0.051 2。这表明了非平移量对偏移量的估计有较大影响。

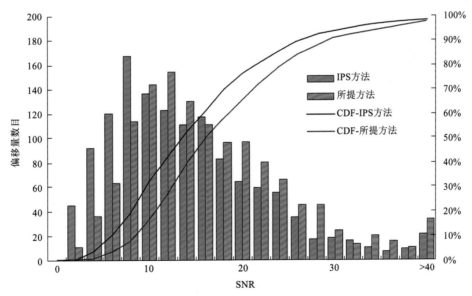

图 6.12　SNR 直方图与概率累计分布函数

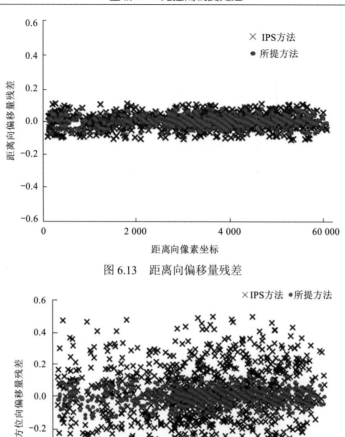

图 6.13　距离向偏移量残差

图 6.14　方位向偏移量残差

表 6.2 分别列出了经典配准方法、直接用图中的点系列估计偏移量的方法、以及所提出的方法的对比信息。

表 6.2　RMSE 和计算量对比

方法	距离向 RMSE	方位向 RMSE	偏移量计算数量
经典方法	0.064	0.269	3072
ISP 方法	0.043	0.202	1326
所提方法	0.029	0.051	1326

由于评价配准效果的重要因素之一就是干涉图的相干性,分别采用上述三种方法所得到的多项式对辅影像进行重采样并得到了 3 张干涉图。由于影像上包含了大量的水域面积,为了减少统计时的不确定性,截取了影像中某 1 000×1 000 的陆地区域进行了相干性对比分析。这个区域主要包含了机场内部的建筑群、跑道和沙地。所得到的相干图分

别如图 6.15（a）～（c）所示。图 6.16 为三种方法得到的相干性直方图。不经过几何配准，直接用点系列估计偏移量的方法所得到的相干性要略高于传统方法，而所提的方法得到的相干性最高。三种方法在所截取的区域内得到的相干性平均值分别为：0.508 9、0.526 7、0.576 2。

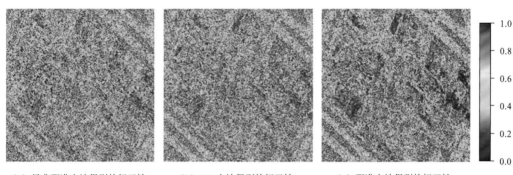

（a）经典配准方法得到的相干性　　　　　（b）IPS 方法得到的相干性　　　　　（c）配准方法得到的相干性

图 6.15　三种方法分别得到的相干图

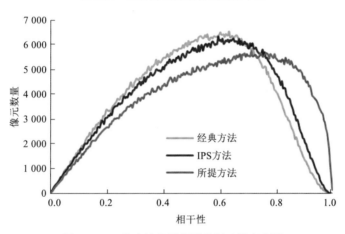

图 6.16　三种方法分别得到的相干性直方图

6.3　多尺度法的 InSAR 相位滤波

6.3.1　InSAR 相位噪声模型

InSAR 相位质量可通过相干性来评估（Abdelfattah et al., 2006）。信号受噪声的影响与信号干涉的形式类似，即振幅的损失是乘积性的，而相位的损失是累加性的。Lee 等（1998）证实了：由于干涉相位 φ 的分布是关于 ϕ 点对称的，所以 ϕ 为相位的均值。因此，相位标准差是与 ϕ 无关的，φ 可由一个实数域中的噪声加法模型来表述：

$$\varphi_z = \varphi_x + v \qquad\qquad (6.12)$$

式中：φ_z 为观测相位值；φ_x 为要计算的原始相位值；v 为零均值的噪声，且标准差为 σ_v。在实域中,该相位噪声模型存在着相位跳变的问题。这是由于干涉相位在 $(-\pi, +\pi]$ 的取值范围内缠绕。实际值为 $-\pi$ 的相位和复数形式下的 $+\pi$ 是等同的。因此,相位由 $-\pi$ 跳变到 $+\pi$。在解缠之前,为了避免对实际上连续而形式上跳变的相位边缘处进行滤波,在复数域下进行干涉相位滤波会更有利一些,因为复数域下不存在相位数值跳变的现象。此外,干涉相位可以看作是单位圆上的某个点,即

$$e^{j\varphi_z} = \cos \varphi_z + j \sin \varphi_z \tag{6.13}$$

因此,相位噪声模型(6.12),就可以按照式(6.13)的形式对实部和虚部分别进行转换,得到复数形式的干涉相位噪声模型:

$$\begin{cases} \cos \varphi_z = \cos \varphi_x \underbrace{\cos \nu}_{\nu_1} - \sin \varphi_x \underbrace{\sin \nu}_{\nu_2} \\ \sin \varphi_z = \nu_1 \sin \varphi_x + \nu_2 \cos \varphi_x \end{cases} \tag{6.14}$$

其中原始相位 φ_x 和噪声量 ν 就分离开了。López-Martínez 等(2002)使用模拟数据和真实数据验证了该模型,给出了一个更为实用的复数模型:

$$\begin{cases} \cos \varphi_z = N_c \cos \varphi_x + \nu_c \\ \sin \varphi_z = N_c \sin \varphi_x + \nu_s \end{cases} \tag{6.15}$$

式中: N_c 为噪声 ν_1 的均值,即 ν_1 可以表示为 N_c 加上一个零均值的随机数 ν_1':

$$\nu_1 = \cos \nu = N_c + \nu_1' \tag{6.16}$$

同样,对于 ν_2,有

$$\nu_2 = \sin \nu = N_s + \nu_2' \tag{6.17}$$

即

$$\begin{cases} \cos \varphi_z = N_c \cos \varphi_x + \nu_1' \cos \varphi_x - N_s \sin \varphi_x - \nu_2' \sin \varphi_x \\ \sin \varphi_z = N_c \sin \varphi_x + \nu_1' \sin \varphi_x + N_s \cos \varphi_x + \nu_2' \cos \varphi_x \end{cases} \tag{6.18}$$

式中: $N_s = 0$(López-Martínez, 2002)为噪声 ν_2 的均值; ν_2' 为零均值的随机量。因此, ν_c 和 ν_s 表示为

$$\begin{cases} \nu_c = \nu_1' \cos \varphi_x - \nu_2' \sin \varphi_x \\ \nu_s = \nu_1' \sin \varphi_x + \nu_2' \cos \varphi_x \end{cases} \tag{6.19}$$

6.3.2　多尺度法的 InSAR 相位滤波

基于 6.3.1 小节中分析的复数干涉相位噪声模型,López-Martínez 等(2002)提出了该模型在小波域中的形式。假设二维离散小波变换的滤波器是理想的,则小波域下的复数干涉相位噪声模型可表示如下:

$$\begin{cases} \text{DWT}_{2D}(\cos \varphi_z) = 2^i N_c \cos \varphi_x^\omega + \nu_c^\omega \\ \text{DWT}_{2D}(\sin \varphi_z) = 2^i N_c \sin \varphi_x^\omega + \nu_s^\omega \end{cases} \tag{6.20}$$

式中: ν_c^ω 和 ν_s^ω 分别为噪声项 ν_c 和 ν_s 在第 2^i 阶的 DWT 形式; φ_x^ω 为复数小波域下的相位信息。该模型的主要特征可以总结为以下几点。

（1）每当计算各小波尺度时，离散小波变换使原始信号成分以 2 的指数增加，而保持各级的噪声不变，因为噪声成分的方差在小波域和空间域中是一样的（$\sigma_{v_c^\omega}^2 = \sigma_{v_c}^2$ 且 $\sigma_{v_s^\omega}^2 = \sigma_{v_s}^2$）。这使得每个小波分解级的信号成分都有所提升。

（2）由实部和虚部平方和所计算得到的小波系数的强度，和噪声成分 v_1 的均值 N_c 是直接相关的。小波系数的强度均值可表示为

$$E\left\{ \left| \mathrm{DWT}_{2D}\left(\mathrm{e}^{j\varphi_z} \right) \right|^2 \right\} = 2^{2i} N_c^2 + \sigma_{v_c^\omega}^2 + \sigma_{v_s^\omega}^2 \tag{6.21}$$

当小波系数只包含噪声的时候（比如 $N_c=0$，即 N_c 随着相干性单调递增），它的值则简化为 $\sigma_{v_c^\omega}^2 + \sigma_{v_s^\omega}^2$。然而，当 $N_c \neq 0$，并考虑三个小波分解级的时候，$\sigma_{v_c^\omega}^2 + \sigma_{v_s^\omega}^2$ 相比 $2^6 N_c^2$ 来说是可以忽略不计的，此时

$$E\left\{ \left| \mathrm{DWT}_{2D}\left(\mathrm{e}^{j\varphi_z} \right) \right|^2 \right\} \simeq 2^{2i} N_c^2 \tag{6.22}$$

（3）小波系数 φ_z^ω 的相位可表示为

$$\arg\left[\mathrm{DWT}_{2D}\left(\mathrm{e}^{j\varphi_z} \right) \right] = \arctan\left(\frac{2^i N_c \sin\varphi_x^\omega + v_s^\omega}{2^i N_c \cos\varphi_x^\omega + v_s^\omega} \right) \tag{6.23}$$

式中：标志 $\arg[\ ]$ 表示复数的幅角。当小波系数只包含噪声时，它的相位为

$$\arg\left[\mathrm{DWT}_{2D}\left(\mathrm{e}^{j\varphi_z} \right) \right] = \arctan\left(\frac{v_s^\omega}{v_s^\omega} \right) \tag{6.24}$$

而且，当分解级数较多（$\geqslant 3$），且 $N_c \neq 0$ 时，则干涉小波相位为

$$\arg\left[\mathrm{DWT}_{2D}\left(\mathrm{e}^{j\varphi_z} \right) \right] = \arctan\left(\frac{2^i N_c \sin\varphi_x^\omega}{2^i N_c \cos\varphi_x^\omega} \right) \simeq \varphi_x^\omega \tag{6.25}$$

由此，可以推导出不带噪声的原始信号的缠绕相位。

为了克服滤波后干涉图中由于掩膜生长过程中外推所得到的不一致性，提出的方法做了两点自适应处理.

（1）在小波逆变换过程中顾及了由相干性提取的自适应掩模图，降采样到相应小波分解尺度的分辨率。

（2）阈值自适应。阈值是由 4 个等价的信号波段计算的，而不是所有的信号波段。

根据小波域中干涉相位噪声模型的上述特性，提出的相位滤波方法流程如图 6.17 所示。所采用的滤波算法则是基于使用离散数字变换的小波残余波段的分析，由 6 个步骤组成。

（1）对复数干涉相位进行三级小波变换。在第三个分解级别中，对所有波段（信号 a_2 ＋各第二分解 d_2）采用小波滤波器，进行离散小波包分解（discrete wavelet package transform，DWPT）。这是为了获取一个第一分解级别的信号小波系数强度的以 2^3 为基的固定增长率。图 6.18 表示了 DWPT 的过程。

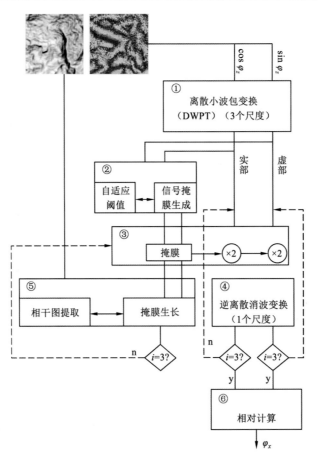

图 6.17　小波域下的多尺度相位滤波处理流程

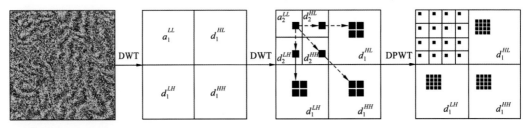

图 6.18　对复数干涉相位图进行小波变换的过程

（2）生成掩膜。通过信号质量 Γ_{sig} 和阈值 Th_ω 来确定掩膜的像素。信号质量通过下式计算：

$$\Gamma_{\text{sig}} = \frac{I_\omega - 2^{2i}\sigma_\omega^2}{I_\omega} \tag{6.26}$$

式中：I_ω 为低频子带（a_2 和所有 d_2）中小波系数的强度；σ_ω^2 为噪声带 d_1 中的 I_ω 所对应的空间域噪声方差。为了得到小波信号系数，对 Γ_{sig} 采用阈值 Th_ω 来区分信号和噪声，Γ_{sig} 大于阈值 Th_ω 则为信号系数，反之为噪声的系数。因为 a_2 和 d_2 不是同一个处理过程的结果系数，所以不拥有相同的信号动态。在 Buccigrossi 等（2001）的研究中，d_2 的子带符合广义高斯分布（generalized Gaussian distribution，GGD），而 a_2 却不是。因此，本书为每种子带定义了两个阈值，$Th_{\omega a}$ 和 $Th_{\omega d}$。这两个阈值是根据子带动态的均值计算得到的。它反映了在哪个相干性水平上进行信号处理。在所得到的掩膜上，被检测为信号系数的系数将被排除，以减少噪声效应。

（3）将上面检测为信号的系数的实部和虚部分别乘以 2，而噪声系数则保持不变。

（4）进行逆小波变换，但只降低一个小波级数。

（5）为了获取上述高频级中的信号系数的掩膜，可由步骤（2）中得到的掩膜获取新的掩膜。2^{i-1} 级上的 4 个子带，每一个都分别再分解成为 2^i 级上的 4 个子带，这 2^{i-1} 级上 1～4 个空间之间的关系已由小波系数构建。首先，通过一个逻辑或操作将 2^i 级上的 4 个掩膜进行合并。然后，将这个合并后的掩膜的尺度翻倍，以适应 2^{i-1} 级上的子带尺度。此时并非将 2^{i-1} 级子带上的 4 个像素系统地归到同一类。本书提出从原始的 InSAR 相干图中得到一个降采样的相干图，这个相干图和 2^{i-1} 级子带具有相同的尺寸。然后，掩膜的生长是根据 2^{i-1} 级子带上 4 个像素的相干性来进行的。图 6.19 表示的是 2^i 级上的某个点 (m,n) 及它在 2^{i-1} 级上对应的 4 个点 $\{(k,l);(k,l+1);(k+1,l);(k+1,l+1)\}$ 的掩膜生长例子，服从下列规则：①如果掩膜上的点 (m,n) 为一个信号像素，则当 $|\rho(k,l)-\rho_p|\leqslant\varepsilon_C$（其中 $p\in\{(k,l);(k,l+1);(k+1,l);(k+1,l+1)\}$）时，$p$ 为信号系数，反之 p 为噪声系数。②如果掩膜上的点 (m,n) 为一个噪声像素，则当 $|\rho(k,l)-\rho_p|\leqslant\varepsilon_C$（其中 $p\in\{(k,l);(k,l+1);(k+1,l);(k+1,l+1)\}$）时，$p$ 为噪声系数，反之 p 为信号系数。

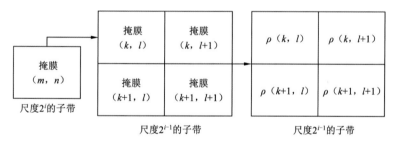

图 6.19　顾及 InSAR 相干图的掩膜生长过程

也就是说，如果合并后掩膜上的某个像素是信号，那么它所对应的 4 个像素，在 2^{i-1} 级上依然是一个信号像素，否则就分类为噪声。这一系列生成下来的掩膜可以有效地获取原始数据中的信号。

接着，重复进行步骤（3）～（5）（即图 6.18 中虚线所表示的），一共重复三次，以获取原始数据中的复数信号。

（6）从上述算法所得到的复数数据中计算相位值，就得到了原始干涉相位的估值。

6.3.3　实验与分析

评价 InSAR 相位噪声滤波的效果主要有三个方面，即目视效果、去除斑点噪声的能力和保持相位图边缘细节的能力。除了目视效果的定性分析以外，通过两种方法来评估噪声滤波的精度。

（1）通过干涉相位在滤波前后间的峰值信噪比（peak signal to noise ratio，PSNR）来评估噪声滤波的精度。

$$\text{PSNR} = 10\ln\left(\frac{(2\pi)^2}{\text{MSE}}\right) \tag{6.27}$$

式中：MSE 为干涉相位图在滤波前后的均方差。

（2）通过真实干涉图在滤波前后的分布差异来评估噪声滤波的精度。为了验证算法的可靠性和有效性，本小节分别采用真实干涉图将本书算法与 Lee 滤波、改进 Goldstein 滤波进行了比较与分析。

分别采用本书提出的滤波方法，以及两种经典的 InSAR 相位自适应滤波方法：Lee 方法和 Goldstein 方法，对高分三号嵩山地区的去平干涉图进行相位噪声滤波对比实验。根据 Abdelfattah 等（2008）的研究，采用 Daubechies-20 小波变换，以获得 InSAR 相位噪声滤波最佳的 PSNR。

图 6.20 是相位图的部分区域，原始干涉相位图几乎被斑点噪声所湮没，而经过三种滤波方法分别处理后，相位图的信噪比有了不同程度的提升，由目视效果可以看出，Lee 方法的滤波结果还保留了一定比例的相位噪声，而 Goldstein 方法和所提方法对噪声的去除效果相当，从视觉上可以判断 Goldstein 方法和所提方法的相位去噪能力要明显高于 Lee 方法，因此，这里主要以 Goldstein 方法作为与所提方法的对照进行分析。可以看出，Goldstein 方法的结果还保留了少量噪声信号，但有效信号成分却在一定程度上受到损失。而经过所提方法滤波处理后的相位图上，不仅噪声水平要略低于 Goldstein 方法，并且对相位细节和边缘的保留程度要高一些。从图 6.21 为图 6.20 中的局部细节展示可以观察到，Lee 方法对相位细节和条纹边缘有一定的保留能力，但较高的噪声水平依然干扰了真实相位

（a）原始干涉相位图　　　　　　　　　　　　　　（b）Lee 方法滤波

图 6.20　三种相位滤波算法的结果对比

（c）Goldstein 方法滤波　　　　　　　　　　　（d）所提方法滤波

图 6.20　三种相位滤波算法的结果对比（续）

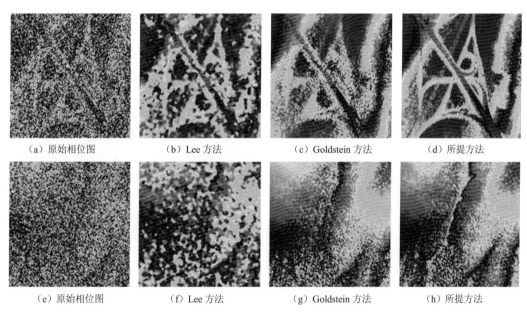

（a）原始相位图　　　　（b）Lee 方法　　　　（c）Goldstein 方法　　　　（d）所提方法

（e）原始相位图　　　　（f）Lee 方法　　　　（g）Goldstein 方法　　　　（h）所提方法

图 6.21　三种相位滤波算法结果的细节对比

的提取，而 Goldstein 方法虽然整体上取得了较好的效果，但是对于部分区域，受滤波的影响模糊了细节成分，甚至相位跳变的边缘被滤波处理而没有较好地保留，这对后续的解缠乃至地形或形变的反演会产生不利的影响，而所提方法除了能够较好地滤除相位噪声，同时也较完整地保留了原有的相位细节和条纹边缘。

图 6.22～图 6.25 为各类目标各类地形使用三种不同相位滤波方法的比较。同样可以反映出所提方法对噪声去除和相位保留方面较为优秀的能力。

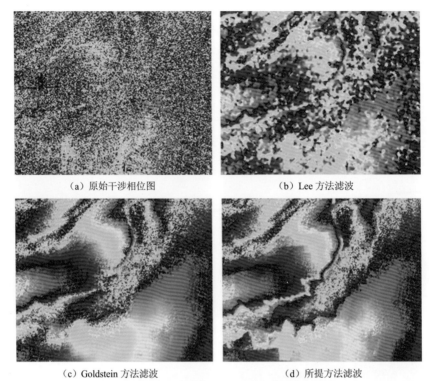

（a）原始干涉相位图   （b）Lee 方法滤波

（c）Goldstein 方法滤波   （d）所提方法滤波

图 6.22　三种相位滤波算法的局部结果对比 1

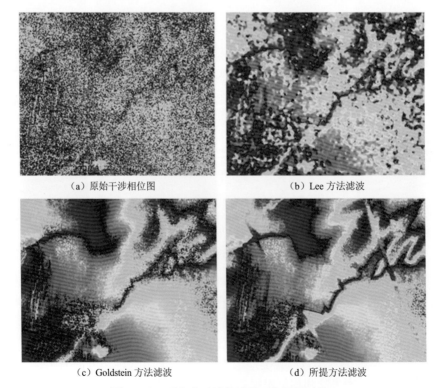

（a）原始干涉相位图   （b）Lee 方法滤波

（c）Goldstein 方法滤波   （d）所提方法滤波

图 6.23　三种相位滤波算法的局部结果对比 2

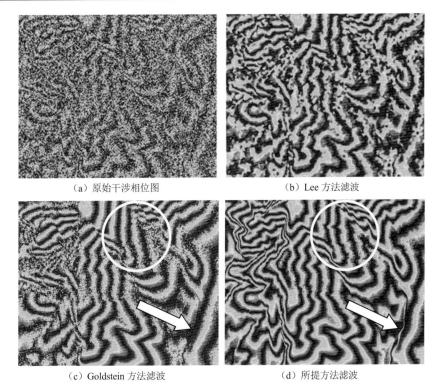

（a）原始干涉相位图　　　　　　　　　　　　（b）Lee 方法滤波

（c）Goldstein 方法滤波　　　　　　　　　　（d）所提方法滤波

图 6.24　三种相位滤波算法的局部结果对比 3

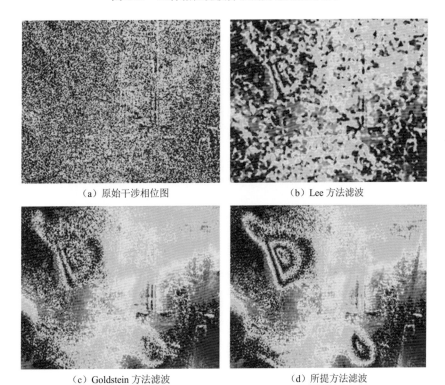

（a）原始干涉相位图　　　　　　　　　　　　（b）Lee 方法滤波

（c）Goldstein 方法滤波　　　　　　　　　　（d）所提方法滤波

图 6.25　三种相位滤波算法的局部结果对比 4

　　表 6.3 为图 6.20、图 6.22～图 6.25 中三种方法的 PSNR 数值对比,所采用的阈值参数的经验值分别为 $th_{\omega a} = -0.4$, $th_{\omega d} = -0.2$ 和 $\varepsilon_c = 6.10^{-4}$。表 6.3 中的结果证明了所提滤波方法比 Lee 方法平均增加了 4 dB,比 Goldstein 方法的结果也有所增加。因此,使用小波域多尺度的相位噪声滤波方法,在去噪能力和相位保持能力方面,要优于经典的 Lee 滤波方法和 Goldstein 滤波方法。

表 6.3　三种方法的 PSNR 对比

图	Lee 方法/dB	Goldstein 方法/dB	所提方法/dB
图 6.20	37.18	40.90	41.36
图 6.22	36.74	40.51	41.13
图 6.23	37.03	40.77	40.81
图 6.24	37.52	40.85	41.29
图 6.25	37.28	40.89	41.67

　　此外,对比了滤波前后的相位差,如图 6.26 和图 6.27 所示,通过 Lee 方法和 Goldstein 方法滤除的相位包含了一定程度的地物形状信息,而所提方法则基本是零均值的且不包含任何图像细节,这说明了所提出的滤波方法能有效地保留地形信息。

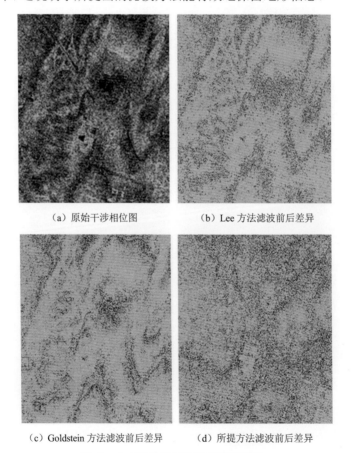

(a) 原始干涉相位图　　　　　　　(b) Lee 方法滤波前后差异

(c) Goldstein 方法滤波前后差异　　　(d) 所提方法滤波前后差异

图 6.26　三种方法滤波前后的相位差 1

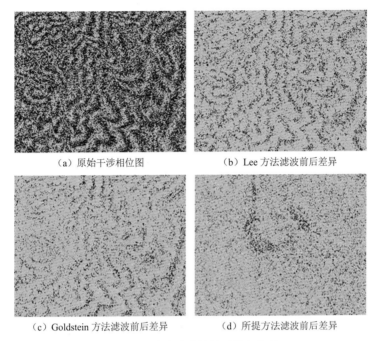

（a）原始干涉相位图　　　　　　　（b）Lee 方法滤波前后差异

（c）Goldstein 方法滤波前后差异　　（d）所提方法滤波前后差异

图 6.27　三种方法滤波前后的相位差 2

6.4　遥感 13A 和高分三号 SAR 卫星地形测量与形变监测实验与验证

6.4.1　遥感 13A 试验数据

遥感 13A 卫星平台搭载了 X 波段合成孔径雷达传感器。用于地形测量实验的数据为河南省登封市的重复轨道影像对，主影像覆盖的地理范围如图 6.28（a）所示，数据基本信息如表 6.4 所示。影像的时间基线为 29 天，空间垂直基线为 1 935.54 m。实验区高程值在 300～1 000 m，地形分布情况如图 6.28（b）所示。

（a）实验区地理覆盖范围　　　　　　（b）实验区的高程分布/m

图 6.28　遥感 13A 实验数据覆盖的地理范围和对应的高程分布情况

表 6.4　遥感 13A 实验区数据信息

参数	主影像	辅影像
拍摄日期	2015.12.20	2016.01.18
拍摄模式	条带模式	
分辨率/m	1	
距离向像素间隔/m	0.60	
方位向像素间隔/m	0.86	
波长/cm	3.1（X 波段）	
轨道	降轨（右侧视）	
距离向像素数	10 113	9 545
方位向像素数	12 055	12 058

6.4.2　高分三号试验数据

　　高分三号卫星平台搭载了 C 波段合成孔径雷达传感器,可获取高分辨率 SAR 图像。高分三号的观测幅宽 10～650 km,空间分辨率 1～500 m,具备 12 种成像模式,包含条带成像模式、扫描成像模式、滑动聚束成像模式和双孔径超精细成像模式,还包含了面向海洋应用的波成像模式和全球观测成像模式。

　　进行地形测量实验所采用的高分三号实验区覆盖范围与遥感 13A 影像基本保持一致,均为河南省登封市。图 6.29 为高分三号在遥感 13A 干涉对重叠区内的强度影像,数据基本信息如表 6.5 所示。影像的时间基线为 29 天,空间垂直基线为 589.36 m。实验区地形情况与遥感 13A 一致。

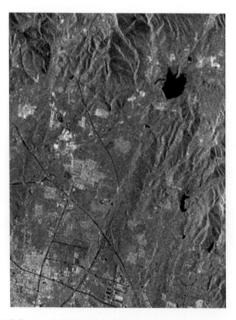

图 6.29　与遥感 13A 实验区干涉对覆盖区域一致的高分三号强度影像

表 6.5　高分三号实验区数据信息

参数	主影像	辅影像
拍摄日期	2016.11.29	2016.12.28
拍摄模式	精细条带 I 模式	
分辨率/m	3	
波长/cm	5.56（X 波段）	
轨道	降轨（右侧视）	

此外，进行地表形变监测的数据为高分三号卫星在河南省新密市西边获取的干涉影像，与高分三号的地形测量实验数据为同轨同期获取的影像，时间基线为 29 天，空间垂直基线为 589.36 m，图 6.30 为实验区覆盖范围内的光学影像和雷达影像。

（a）形变实验区范围　　　　　　　　　（b）形变实验区 SAR 强度影像

图 6.30　形变实验区范围及对应的高分三号雷达强度图

6.4.3　遥感 13A 地形测量

本实验中采用的遥感 13A 嵩山地区干涉对数据的时间基线为 29 天，空间垂直基线为 1 935.54 m，雷达工作波长约为 3.1 cm，实验中斜距约为 755 km，视角约为 34.91°，因此，高程模糊度仅为

$$\Delta h_{2\pi} = \frac{\lambda R_1 \sin\theta}{2B_\perp} \simeq 3.48\mathrm{m} \tag{6.28}$$

根据 3.3.1 小节的分析，影像间沿距离向的偏移量会有较大的变化率，同时高程差引起的偏移量不稳定性也变得明显，尤其在地形起伏较大的区域，不仅配准有一定的困难，而且传统的二次多项式无法满足对这些区域配准关系的拟合，会影响到最终的配准精度。其中，距离向的偏移量随距离向像素坐标的变化情况为

$$\frac{\partial \mathrm{off}_r}{\partial r} = \frac{B_\perp}{R_1 \tan\theta^0} = 3.67 \times 10^{-3} \tag{6.29}$$

即宽度为 64 像素的偏移量估计窗口就会引起 0.235 像素的距离向偏移量估计模糊度。而地形引起的距离向偏移量变化率为

$$\frac{\partial \mathrm{off}_r}{\partial h} = \frac{B_\perp}{d_R R_1 \sin \theta^0} = 7.47 \times 10^{-3} (\mathrm{m}^{-1}) \tag{6.30}$$

因此，当偏移量估计窗口内的任意像素间高程差为 30 m，则该估计窗内这两个像素的偏移量差异就达到了 0.224 像素，并且地形起伏不具备较强的规律性，同样会对偏移量估计带来不利影响。

采用提出的适用于影像间相对变形大以及失相干严重的配准算法进行实验数据的配准，距离向的配准精度达到 0.021 像素，方位向配准精度达到 0.018 像素，在此基础上进行干涉处理和去平地相位处理，得到干涉图如图 6.31（a）所示。由于空间基线较大，尽管进行了频谱偏移的前置滤波，但由于几何失相干的影响，干涉影像的整体信噪比较低，经过所提的小波域多尺度相位噪声滤波处理，得到的干涉图如图 6.31（b）所示，滤波前后的相干性分布图分别如图 6.31（c）和图 6.31（d）所示，可以看出，滤波后的低相干区域主要集中在地形起伏大的干涉条纹密集处。

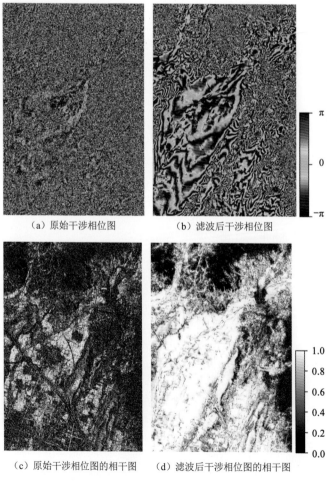

（a）原始干涉相位图　　　　　（b）滤波后干涉相位图

（c）原始干涉相位图的相干图　　　（d）滤波后干涉相位图的相干图

图 6.31　滤波前后的干涉图与对应的相干图

经过所提滤波方法处理之后,干涉相位图不仅信噪比有了明显的提升,并且相位细节也被很好地保留下来,图 6.32 是滤波后干涉图的局部区域和对应的高分辨率光学影像,可以看出,滤波后的干涉图不仅保留了建筑物形状的细节相位,甚至屋顶纹理结构也清晰地体现在干涉相位中,这除了定性验证了所提的滤波算法,同时也证明了遥感 13A 用于制作地表模型的巨大潜力。

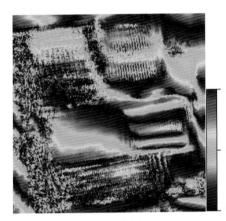 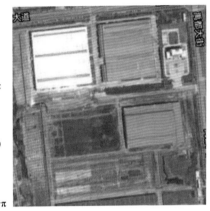

（a）局部相位图　　　　　　　　　　　　　　（b）对应的光学影像

图 6.32　干涉相位对观测目标的敏感度示意

实验中对相干性低于 0.25 的像元进行了掩膜处理,然后采用所提出的 InSAR 相位解缠方法,对包含了相位跳跃和噪杂信息的去平干涉相位进行解缠处理,并重建高程模型,结果如图 6.33（a）所示。图 6.33（b）为采用传统的 InSAR 测高数据处理方法得到的高程图,两图均未进行高程值内插,其中有明显区别的一点在于,使用所提方法获取的高程影像中,无效信息所占的比例要小于传统处理技术所获得的高程图,体现在滤波和解缠等环节上,所提方法可以得到更好的相干性和更高的计算精度。

（a）所提方法重建的有效高程分布　　　　（b）传统方法重建的有效高程分布

图 6.33　与传统方法重建的有效高程分布情况对比

此外,通过实验的处理方法和传统 InSAR 测高处理手段所得到的高程值也有所差异,通过影像覆盖范围内的 6 个自动角反射器控制点验证遥感 13A 卫星数据获取的登封地区高程影像的高程精度。验证结果如表 6.6 所示。

表 6.6   高程精度

点号	实际高程/m	测量高程/m	高程差/m
101	470.257	470.481	0.224
102	425.266	427.815	2.549
103	406.783	404.106	−2.677
104	482.970	479.177	−3.793
105	364.747	363.169	−1.578
106	372.336	373.747	1.411
	RMS		2.240

根据影像中 6 个检查点所得到的测高精度为 2.240 m,但自动角反射器分布的位置基本处于地势较缓的区域,因此,通过 1:2 000 比例尺的 DEM 与遥感 13A InSAR 获取的 DEM 进行高程对比,图 6.34 为两者的高程差分布图,从图中可以看出,高程差值相对较大的区域主要集中在山地,另外 1:2 000 比例尺 DEM 的时效因素引起的高程差异也体现在图 6.34 中。总体而言,在不考虑统计局部高程缺失的情况下,遥感 13A 制取的登封地区的 DEM 高程精度达到了平地 2 m 以内、山地 5 m 以内的水平,具有满足 1:50 000 地形图绘制的潜力。

高程差/m

图 6.34   遥感 13A 数据获取的高程图与 1:2 000 DEM 的高程差分布

初步实验结果表明,遥感 13A 卫星不仅具备了干涉成像的能力,而且具备干涉测量的能力,并具有较高的精度水平,所制取的 DEM 不仅能较准确地反应观测目标的高程信息,而且能够一定程度上反演地表细节,如人工建筑物、梯田等目标,图 6.35 为本实验获取的地形图局部细节,可以清晰地分辨出道路桥梁等目标,因此,遥感 13A 干涉测量拥有制作 DSM 的巨大潜力。

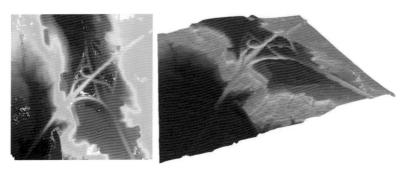

图 6.35　重建的地形图的局部细节

6.4.4　高分三号地形测量

选取了和遥感 13A 地形测量实验中干涉对覆盖区域一致的高分三号数据,以便于进行相干性、精度等方面的对比分析。高分三号干涉实验数据的时间基线为 29 天,空间垂直基线为 589.36 m,高分三号的雷达工作波长为 5.55 cm,该例中斜距约为 990 km,视角约为 43.36°,高程模糊度为

$$\Delta h_{2\pi} = \frac{\lambda R_1 \sin\theta}{2B_\perp} \approx 32.0\text{m} \tag{6.31}$$

显然,该高程模糊度约为遥感 13A 数据的 10 倍,相位对高程的敏感度相对较低,理论上干涉相干性更高,而高程精度则较低。同样使用所提出的 InSAR 影像精配准方法、小波域多尺度相位滤波方法等处理技术,进行干涉数据处理和高程重建,图 6.36 分别为相位滤波前后的干涉图以及所对应的相干性分布图。

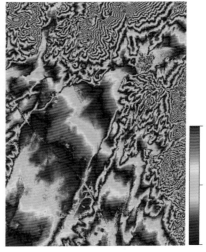

（a）原始干涉相位图　　　　　　　（b）滤波后的干涉相位图

图 6.36　滤波前后的干涉图与对应的相干图

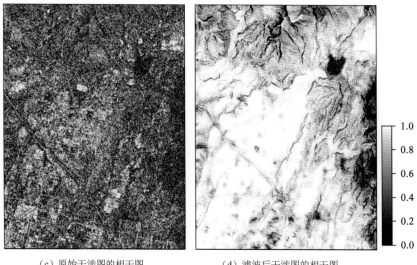

（c）原始干涉图的相干图　　　　　（d）滤波后干涉图的相干图

图 6.36　滤波前后的干涉图与对应的相干图（续）

　　重建后的高程图与 1:2 000 DEM 的差值分布分别如图 6.37 所示。从图 6.37 中可以看出，高程差与地形的关联不大，大部分地区的高程精度在 2 m 以内，而其他部分区域的高程误差较大，达到 6～8 m，主要是由成像区域内不均匀的大气延迟导致的。高分三号在登封地区的 InSAR 技术高程测量精度平均在 5 m 以内，具有满足 1:50 000 比例尺地形图绘制的潜力。

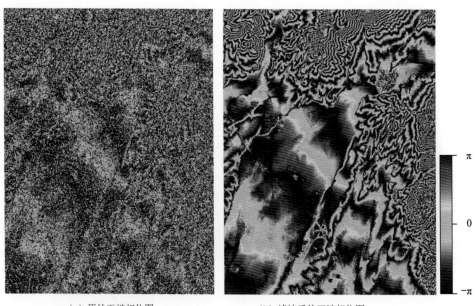

（a）原始干涉相位图　　　　　　　（b）滤波后的干涉相位图

图 6.37　高分三号制取 DEM 及高程差分布

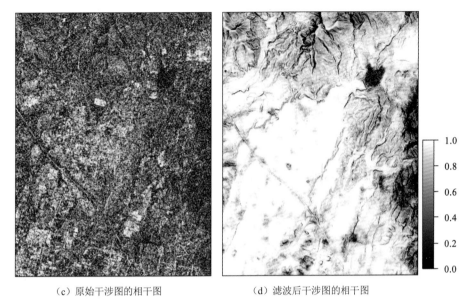

（c）原始干涉图的相干图　　　　　　　（d）滤波后干涉图的相干图

图 6.37　高分三号制取 DEM 及高程差分布（续）

　　另外，依然通过测区内布设的 6 个角反射器求得高程精度如表 6.7 所示，高程中误差为 3.3 m。

表 6.7　高程精度

点号	实际高程/m	测量高程/m	高程差/m
101	470.257	468.563	−1.694
102	425.266	423.952	−1.314
103	406.783	413.267	6.484
104	482.970	485.012	2.042
105	364.747	368.449	3.702
106	372.336	378.830	6.494
	RMS		3.305

6.4.5　高分三号地表形变监测实验

　　使用高分三号数据进行差分干涉实验获取地表形变，并以哨兵 1 号同一地区的处理结果进行对照。实验区高分三号的数据情况在 6.4.2 小节中已有说明。该实验区分布着若干个矿场，存在着因煤矿挖掘引起的地表沉降，图 6.38 为实验区内几处采矿作业点的局部光学影像。

　　实验选取了具有较好时效法和高精度的外部 DEM 作为模拟干涉相位的参考，得到差分干涉相位图如图 6.39 所示。

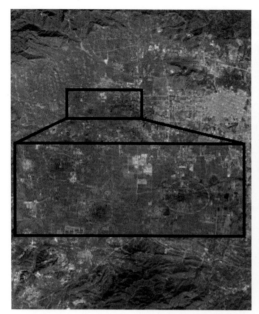

图 6.38　实验区部分采矿点的光学影像

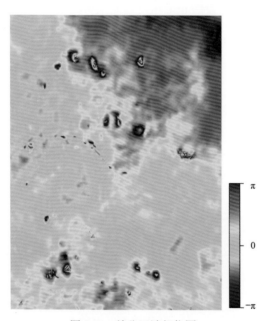

图 6.39　差分干涉相位图

　　从差分干涉图上可以明显看出,实验区存在若干处形变信号,除此以外还包含了各项误差相位,其中有少量的高程误差相位,主要是由于外部 DEM 的获取时间与高分三号数据获取时间内部分目标的高程发生了变化所致,图 6.40 所示为高架桥修建导致高程变化所引起的高程差相位。

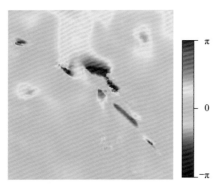

图 6.40　地面目标高度变化引起的高程差相位

差分干涉相位误差还包括失相干引起的噪声成分,经过滤波之后,该误差项已被抑制,残余的噪声相位集中在部分水域目标内。

不均匀的大气是本实验差分干涉图中的主要分量,但由于数据限制,大气相位无法从差分干涉图中去除,在空间域呈现低频的形态分布,对最终的相对形变精度略有影响。

差分干涉相位经过基于 MRF 模型的相位解缠后,转换为垂直形变,在经过地理编码转换到地理坐标系下,结果如图 6.41 所示。

为了对该结果进行对比验证,采用相同区域内的哨兵 1 号干涉数据进行差分干涉实验,该干涉组合的时间基线为 24 天,主影像获取日期为 2016 年 12 月 1 日,辅影像获取日期为 2016 年 12 月 25 日,空间垂直基线为 −19.38 m,与高分三号干涉组合有另外两点区别:①哨兵 1 号干涉对的观测轨道为升轨,而高分三号干涉对为降轨;②哨兵 1 号干涉对的时间跨度与高分三号不一致,时间跨度在高分三号干涉对的时间覆盖范围之内。哨兵 1 号实验数据所反演的地表形变在地理坐标系下的结果如图 6.42 所示。

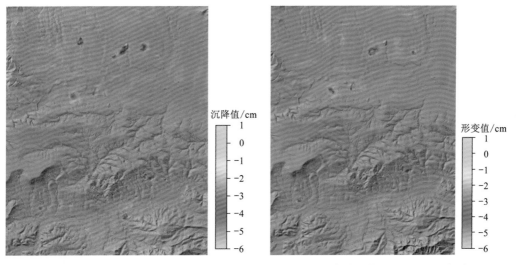

图 6.41　实验区地表沉降图　　　　　图 6.42　同一实验区内的哨兵 1 号形变结果

对比图 6.41 和图 6.42 可以看出,高分三号与哨兵 1 号得到的形变结果类似,但是由于升降轨不同,观测角度不同,时间跨度也不同,形变量略有所区别。由矿产资源挖掘所引起的地表沉降发生较快,与人为因素密切相关,因此,不同的时间范围内,部分地区的形变结果也会有较大差异。但哨兵 1 号的结果依然可以作为高分三号差分干涉的定性验证。

图 6.43 为高分三号与哨兵 1 号干涉对获取的局部形变场对比,为了更清晰地表示,图 6.43 的色表采用缠绕的形式,一个颜色周期代表 2 cm 的形变量。

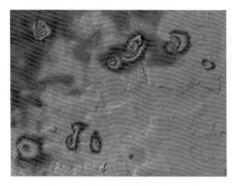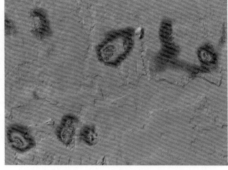

形变值/cm

　0
−1
−2
−3
−4
−5
−6

　　　（a）高分三号干涉对获取的局部形变场　　　　　　（b）哨兵 1 号干涉对获取的同一局部形变场

图 6.43　高分三号与哨兵 1 号干涉对获取的局部形变场对比

通过与哨兵 1 号数据的对比,可以大致得出高分三号干涉数据通过 DInSAR 技术获取的地表形变精度约为 1～2 cm。

6.5　本章小结

本章系统研究了 SAR 卫星 InSAR 处理关键步骤配准和相位滤波的面临的问题以及相应的解决原理及方法。推导了距离向偏移量与基线、地形起伏和脉冲重复频率差等的直接关系,提出在配准中计算并消除配准单元内部的非平移分量,使配准单元在只存在偏移关系的情况下准确计算偏移量的顾及相对变形大和失相干严重的配准方法,在遥感13A 验证,配准精度优于 1%像素,配准后相干性提升明显。分析了 InSAR 相位统计特征和失相干的基础上,对 InSAR 相位噪声进行建模,提出了一种改进的小波域多尺度 InSAR相位噪声滤波方法,并在该算法中利用了 InSAR 相干图,为每个小波分解级生成自适应的掩膜,通过高分三号数据试验验证了该算法具有较好的噪声滤除能力以及相位边缘和细节的保持能力。针对遥感 13A、高分三号的干涉数据,进行高程测量和地表形变监测的实验和分析,验证了目前国产 SAR 卫星在干涉成像、干涉测量方面的能力,并评估了干涉测量精度。

第 7 章 相关软件系统功能

依据前面几章提出的方法,按照软件工程的方式研制几何定标软件、标准产品制作软件、立体 SAR 获取控制点软件、平面区域网平差软件和 InSAR 测量软件等,形成星载 SAR 无控制点几何处理软件包。

7.1 高分 SAR 卫星地面应用系统组成与功能

高分 SAR 卫星地面应用系统一般包含数据接收、任务管控、数据管理、0 级产品生产、几何辐射定标、预处理、处理、产品质检和数据分发 9 个分系统,系统组成如图 7.1 所示,研制的软件涵盖了高分 SAR 地面处理的几何辐射定标、预处理和处理三个分系统的核心内容。

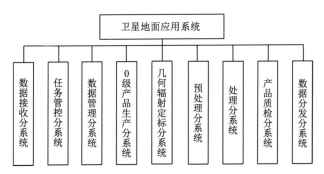

图 7.1 高分 SAR 卫星地面应用系统组成图

几何辐射定标分系统用于对卫星载荷的成像性能定期进行辐射、几何等方面的定标,从而保证能够获得高质量的影像产品。预处理分系统负责对接收的数据进行编目处理,成像处理、辐射校正处理,并进行内部质检。处理分系统主要在各级标准产品基础上生产各类增值产品。

7.2 几何辐射定标分系统

7.2.1 分系统功能

几何辐射定标分系统是离线分系统,主要任务是在卫星在轨运行期间,定期对有效载荷的几何参数、辐射参数进行定标,为数据预处理分系统提供精确的几何和辐射定标参数,该分系统运行在 Windows 环境下。具体功能如下所示。

(1)根据载荷定标计划,生成定标所需数据清单,将预处理分系统输出的 SLC 产品数据、精密轨道数据、大气环境数据和参考 DEM 数据拷贝至指定路径,为定标处理做好数据准备工作。

（2）依据指定试验方案,为远程调度常态化定标设备（包括自动角反射器设备和有源定标器等）提供所需轨道信息、任务时间等,制定常态化定标场调度方案,管理获取定标处理所需的角反射器坐标数据、有源定标器参数和接收的数据等,为定标处理做好数据准备工作。

（3）实现载荷的几何定标功能,获取载荷精确的几何定标参数,对几何定标精度进行评价,并生成几何定标报告,对应第 3 章。

（4）实现载荷的相对辐射定标和绝对辐射定标功能,获取载荷精确的辐射定标参数,对辐射定标精度进行评价,并生成辐射定标报告。

7.2.2　分系统组成与处理流程

几何辐射定标分系统主要包括定标数据准备子系统、定标场管理子系统、几何定标数据处理子系统、辐射定标数据处理子系统 4 个子系统,如图 7.2 所示。

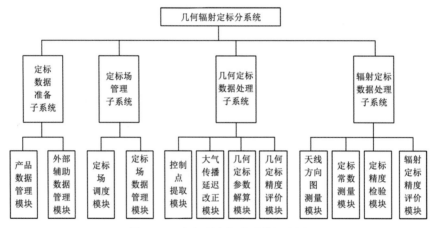

图 7.2　几何辐射定标分系统组成图

定标数据准备子系统包括两个模块,分别是产品数据管理模块、外部辅助数据管理模块;定标场管理子系统包括两个模块,分别是定标场调度模块、定标场数据管理模块;几何定标数据处理子系统包括 4 个模块,分别是控制点提取模块、大气传播延迟改正模块、几何定标参数解算模块和几何定标精度评价模块数据处理;辐射定标子系统包括 4 个模块,分别是天线方向图测量模块、定标常数测量模块、定标精度检验模块和辐射定标精度评价模块。

几何辐射定标分系统处理流程如图 7.3 所示。几何辐射定标分系统进行在轨/飞行载荷测试时,定标数据准备子系统将预处理分系统输出的 SLC 产品数据、精密轨道数据、大气环境数据和参考 DEM 数据拷贝至指定路径;定标场管理子系统提供常态化定标场调度方案,获得地面定标设备数据并进行预处理;几何定标数据处理子系统和辐射定标数据处理子系统对定标数据进行定标处理,得到载荷的几何定标参数、辐射定标参数,配置在预处理分系统,供产品生产使用。

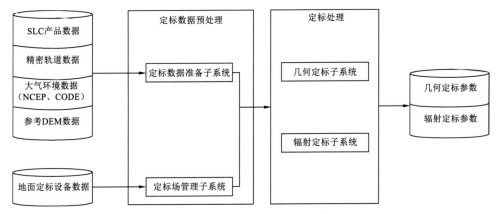

图 7.3　几何辐射定标分系统处理流程图

7.3　预处理分系统

7.3.1　分系统功能

预处理分系统对高分 SAR 卫星下传 RawData 数据进行编目、成像和内部质检等处理，最终形成标准产品，该分系统运行在 Linux 环境下。具体功能如下所示。

（1）能够生产精密轨道产品，精密轨道产品精度优于 5～10 cm。

（2）对原始整轨 RawData 数据进行逻辑分景和编目处理，生成标准分景信息文件、浏览图和拇指图。

（3）对各种成像模式进行成像处理生成 SLC 级产品，根据编目元信息文件生成标准景产品，同时支持指定景、浮动景和长条带景生产。

（4）对生产的各类产品质量进行检测，即：RawData 数据（0 级产品）、快速轨道产品、精密轨道产品、编目产品、SLC 产品。

7.3.2　分系统组成与处理流程

预处理分系统主要包括精密定轨子系统、编目子系统、标准产品生产子系统、产品质检子系统和内部调度子系统共 5 个部分组成，如图 7.4 所示。

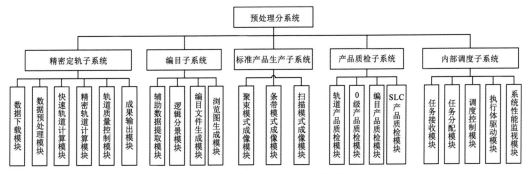

图 7.4　预处理分系统组成图

精密定轨子系统包括 6 个模块,分别是数据下载模块,数据预处理模块,快速轨道计算模块,精密轨道计算模块,轨道质量控制模块和成果输出模块。数据下载模块主要负责 GPS 卫星星历、钟差、地球自转参数文件的自动下载和 DCB 文件,地球潮汐文件等表文件的自动更新。快速轨道计算模块主要利用超快速精密星历和超快速钟差计算高分 SAR 优于 1 m 的轨道用于轨道机动。精密轨道计算模块使用快速精密星历和钟差计算厘米级的精密轨道。轨道质量控制模块是对轨道的内符合精度进行检验和重叠轨道重复性检验。成果输出模块是将定轨结果编码成指定的轨道产品文件,并且存放至指定路径。

编目子系统包括 4 个模块,分别是辅助数据提取模块、逻辑分景模块、编目文件生成模块、浏览图生成模块。辅助数据提取模块用于对整轨 RawData 进行解析,提取整轨 GPS 实时数据等辅助数据,形成辅助数据文件,供分景编目使用。逻辑分景模块对整轨 RawData 按照高分 SAR 卫星的全球分景格网模型进行逻辑分景处理,为编目元信息文件生成提供分景信息。编目文件生成模块负责生成整轨 RawData 的标准分景元信息文件,为浏览图和拇指图的生成提供分景信息。浏览图生成模块主要是根据编目的分景信息从整轨 RawData 中提取出标准景的浏览图和拇指图。

标准产品生产子系统包括 3 个模块,分别是聚束模式成像模块、条带模式成像模块、扫描模式成像模块。这三个 SLC 级产品生产模块主要是针对高分 SAR 各个成像模式根据标准分景信息文件或者指定景、浮动景和长条带景生产模式进行 SAR 成像处理、辐射校正和 RPC 建模,生产 SLC 级产品及相应的元数据信息文件。

产品质检子系统包含轨道产品质检模块、0 级产品质检模块、编目产品质检模块和 SLC 产品质检模块。轨道产品质检模块利用重复性检验轨道产品质量,轨道重复性检验是利用两个轨道弧段的重叠部分评估轨道精度,轨道内符合精度计算通过计算观测值残差探测可能存在的轨道偏差。同时,具备自动运行和人工操作运行能力。0 级产品质检模块主要进行回波数据检查和辅助数据质量检查。编目产品质检模块用于检查整轨 Raw Data 数据的切景质量、检查编目产品的元数据文档内各类信息与需求文件的一致性。SLC 产品质检模块对 SLC 产品进行质量检测和评价,包括图像质量检查、元数据信息检查和干涉质量检查、几何定位精度和辐射精度评价等。

内部调度子系统由任务接收模块、任务分配模块、调度控制模块、执行体驱动模块、系统性能监视模块组成。任务接收模块用于接收从其他系统传递过来的数据处理任务,并启动调度;任务分配模块负责根据系统当前状态,选择和协调执行体资源,进行任务分配。调度控制模块通过判断不同调度执行体服务上地面处理系统的运行状态,选择资源空闲的机器执行任务。执行体驱动模块负责启动执行体主机,执行数据处理任务。系统性能监视模块负责对执行体主机的性能进行监视,并向调度控制模块进行反馈。

数据预处理分系统是在内部调度子系统的调度下,对原始整轨 RawData 进行数据处理,依次经精密定轨子系统、编目子系统、SLC 产品生产子系统和产品质检子系统,最终生成标准产品,如图 7.5 所示。

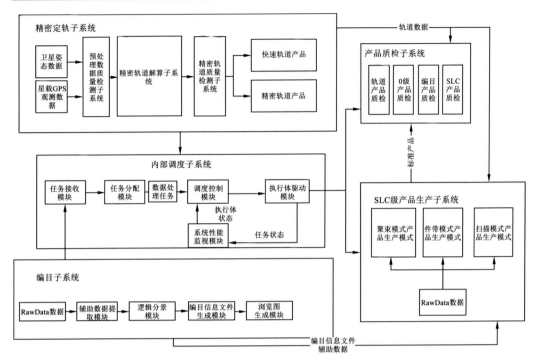

图 7.5 预处理分系统工作流程图

7.4 处理分系统

7.4.1 分系统功能

处理分系统负责对预处理分系统生成的 SLC 产品进行处理,形成控制点、区域正射影像、区域 DSM 和区域沉降图等高级产品,该软件运行在 Windows 环境和 Linux 环境下。具体功能如下所示。

（1）控制点采集,利用单立体 SAR 像对获取控制点,对应第 4 章。

（2）区域正射影像制作,利用 SAR 影像进行平面平差和匀色等处理,获取高分 SAR 区域正射影像,对应第 5 章。

（3）区域 DSM 生产,利用 InSAR 制作区域 DSM,对应第 6 章。

（4）区域沉降图制作,利用 InSAR 制作区域沉降,对应第 6 章。

7.4.2 分系统组成与处理流程

处理分系统由以下主要功能组成:控制点采集子系统、区域正射影像制作子系统、区域 DSM 制作子系统和区域沉降图制作子系统,如图 7.6 所示。

处理分系统是首先经过控制点采集子系统提取控制点,对获得的原始 SAR 影像 SLC 产品进行数据处理,依次经 SAR 复数数据转换、区域网平差、GPU 正射纠正和色彩一致性处理,生成区域 SAR 正射影像,利用控制数据和区域 SAR 影像进行区域 DSM 制作及沉降图的生成,如图 7.7 所示。

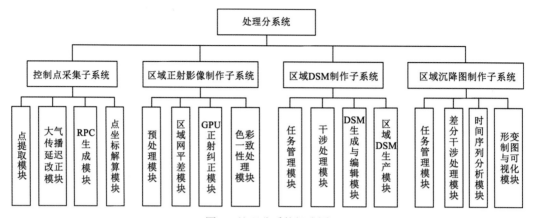

图 7.6 处理分系统组成图

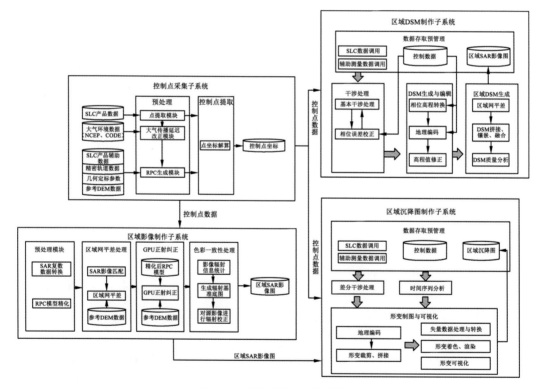

图 7.7 处理分系统工作流程图

1. 控制点采集子系统

1)子系统概述

控制点采集子系统具有立体 SAR 影像同名像点提取功能、逐点大气传播延迟改正功能、SAR 影像 RPC 参数解算功能、利用立体 SAR 解算同名点坐标功能。

2）子系统组成

控制点采集子系统包含 4 个模块，分别为点提取模块、大气传播延迟改正模块、RPC 生成模块、点坐标解算模块，如图 7.8 所示。

3）子系统处理流程

控制点采集子系统处理流程如图 7.9 所示。首先，通过点提取模块，利用目影像匹配方式，获取立体 SAR 影像的同名像点；然后，通过大气传播延迟改正模块，利用公开的 NCEP 和 CODE 大气参考数据，计算同名像点在各个 SAR 影像成像时刻的大气传播延迟（包括对流层延迟和电离层延迟）；然后，通过 RPC 生成模块，利用

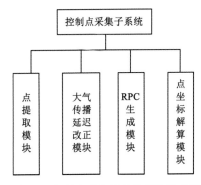

图 7.8 控制点采集子系统模块组成图

大气传播延迟改正值修正 SAR 影像成像时刻的几何参数，重新生成相应的 RPC 文件；最后，通过点坐标解算模块，采用立体 SAR 平差方法精确求解同名像点的坐标，即所提取的控制点坐标。

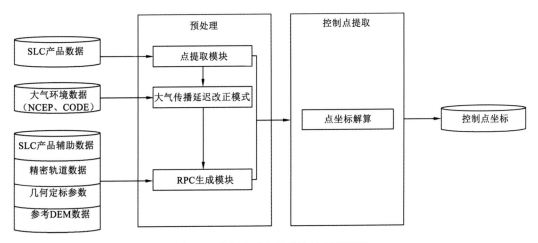

图 7.9 控制点采集子系统处理流程图

2. 区域正射影像制作子系统

1）子系统概述

区域正射影像制作子系统是对获得的 SLC 产品进行数据处理，依次经 SAR 复数数据转换、区域网平差、GPU 正射纠正和色彩一致性处理，最终生成区域 SAR 影像标准产品。

2）子系统组成

区域正射影像制作子系统包含 4 个模块，分别为预处理模块、区域网平差模块、GPU 正射纠正模块、色彩一致性处理模块，如图 7.10 所示。

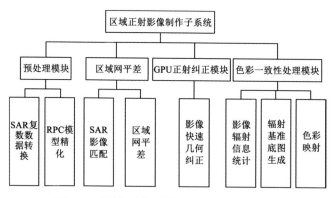

图 7.10　区域正射影像制作子系统模块组成图

（1）预处理模块。预处理包括 SAR 复数数据转换和 RPC 模型精化两部分。SAR 复数数据转换模块负责对获得的 SLC 产品转换为 SAR 强度影像数据,便于获得地物特征信息及后期几何处理。RPC 模型精化模块负责对平差后 RPC 模型的更新,实现定位模型精化改正。

（2）区域网平差模块。区域网平差子系统包括 SAR 影像匹配和区域网平差两部分。SAR 影像匹配负责对区域 SAR 影像的连接点快速匹配,获得连接点文件。区域网平差模块负责对区域 SAR 影像快速匹配的连接点进行快速解算,通过辅助 DEM 内插获得高程值,解算获得单张影像的 RPC 模型更新系数,借助 RPC 模型精化模块实现 RPC 定向模型更新,从而实现区域 SAR 影像的高精度相对定位。

（3）GPU 正射纠正模块。GPU 正射纠正模块负责通过 GPU 并行计算,通过辅助 DEM 内插获得高程值,在 SLC 产品的基础上按照一定的地球投影,以一定地面分辨率投影,借助精化后的 RPC 定位模型进行快速正射纠正,获得在地球椭球面上的几何产品。

（4）色彩一致性处理模块。色彩一致性处理子系统包括影像辐射信息统计模块、辐射基准底图生成模块、色彩映射模块。影像辐射信息统计模块负责对影像降采样处理并统计测区所有影像辐射信息,计算所有测区影像的辐射相对关系,确定辐射校正阈值、随机观测次数等;辐射基准底图生成模块负责对降采样后的测区影像进行随机观测,计算单张影像精确增益改正系数,同时结合 SAR 影像成像特点进行局部增益校正,生成覆盖测区的基准色调底图。色彩映射模块负责利用生成的辐射基准底图对源影像进行色彩映射处理,实现对源影像的辐射校正。

3）子系统处理流程

区域正射影像制作子系统处理流程如图 7.11 所示。对获得的 SLC 产品进行数据处理,依次经 SAR 复数数据转换、区域网平差、GPU 正射纠正和色彩一致性处理,最终生成区域 SAR 影像标准产品。

3. 区域 DSM 制作子系统

1）子系统概述

区域 DSM 制作子系统主要实现干涉测高应用处理及区域地表模型重建。

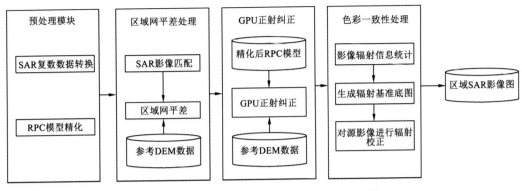

图 7.11　区域正射影像制作子系统处理流程图

2）子系统组成

区域 DSM 制作子系统包含 4 个模块，分别为任务管理模块、干涉处理模块、DSM 生成与编辑模块、区域 DSM 生产模块，如图 7.12 所示。

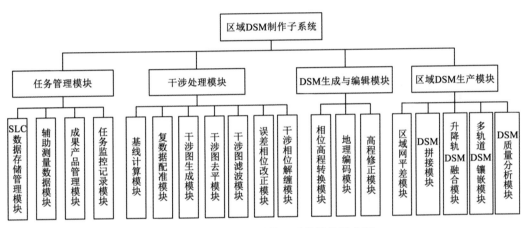

图 7.12　区域 DSM 制作子系统模块组成图

（1）任务管理模块。任务管理模块主要任务是实现任务协调及数据管理，建立业务管理数据库，具体包括：①SLC 数据存储管理模块，SLC 数据的读取、转换、存储与调用；②辅助测量数据管理模块，成像参数、轨道参数、影像参数等辅助数据的转换、存储与调用；③成果产品管理模块，生产过程的中间数据、DSM 成果数据的管理；④任务监控记录模块，任务管理日志信息、生产日志信息、各种任务监控信息等。

（2）干涉处理模块。干涉处理模块主要任务是实现基础干涉处理，具体包括：①基线计算模块，实现基线参数的估计与精确计算；②复数据配准模块，实现干涉对的几何粗配准、强度粗配准、配准点自动识别与精配准功能；③干涉图生成模块，实现干涉相位计算、复数据多视处理等功能；④干涉图去平模块，实现基于轨道参数、配准关系、相位频率的平地相位计算与去除；⑤干涉图滤波模块，实现干涉相干性的估计，实现频域、时域、小波域的自适应滤波计算；⑥误差相位改正模块，实现残余相位去除、大气相位延迟校正等功能；

⑦干涉相位解缠模块，实现枝切法、最小费用流法、马尔科夫随机场相位解缠功能。

（3）DSM 生成与编辑模块。DSM 生成与编辑模块的主要任务是由干涉数据处理后的解缠相位影像产品生产初始 DSM 产品，具体包括：①相位高程转换模块，将解缠的干涉相位根据观测参数转换为高程信息；②地理编码模块，根据成像几何模型，将雷达坐标系下的高程影像转换到地理坐标系下；③高程修正模块，实现初始 DEM 校正、高程异常值编辑、高程数据空洞区域插值等功能。

（4）区域 DSM 生产模块。区域 DSM 生产模块主要任务是对多源单景 DSM 进行合成。具体包括：①区域网平差模块，根据少量控制数据，实现 DSM 的区域网平差；②DSM 拼接模块，根据统一模型实现多片 DSM 的拼接；③升降轨 DSM 融合模块，实现升降轨 DSM 之间叠掩阴影区的高程信息相互补充与校正；④多轨道 DSM 镶嵌模块，基于平差模型实现多轨道 DSM 的镶嵌拼接；⑤DSM 产品质量分析模块，DSM 质量检查与人工编辑。

3）子系统处理流程

结合上述各模块以及子模块的功能描述，区域 DSM 制作子系统的处理流程可由图 7.13 表示。

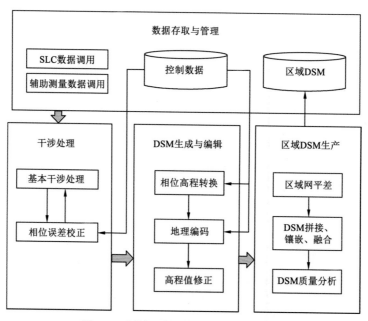

图 7.13　区域 DSM 制作子系统处理流程

3. 区域沉降图制作子系统

1）子系统概述

区域沉降图制作子系统主要实现大面积地表微小形变反演与成图功能。

2）子系统组成

区域沉降图制作子系统包含 4 个模块，分别为任务管理模块、差分干涉处理模块、时间序列分析模块、形变制图与可视化模块，如图 7.14 所示。

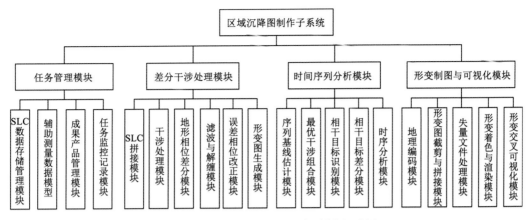

图 7.14　区域沉降图制作子系统模块组成图

（1）任务管理模块。任务管理模块主要任务是实现任务协调及数据管理，建立业务管理数据库，与区域 DSM 生产模块为同一个集成的模块。

（2）差分干涉处理模块。差分干涉处理模块的主要任务是实现原始相位的拼接、完整的差分干涉处理、误差消除与形变成图，具体包括：①SLC 拼接模块，实现同轨单视复数影像的相位拼接，使拼接后的相位连续、无跳变；②干涉处理模块，实现从基线计算、影像配准、干涉图干涉等基本干涉功能；③地形相位差分模块，实现地形相位模拟、地形相位去除、差分干涉计算等功能；④滤波与解缠模块，实现差分干涉相位的滤波与解缠；⑤误差相位改正模块，实现干涉图趋势条纹去除、大气延迟相位校正、轨道精化等功能；⑥形变图生成模块，实现相位与形变转换、形变图生成及基础显示等功能。

（3）时间序列分析模块。时间序列分析模块实现基于多时序影像相干点目标的高精度形变信息提取，获得形变速率、形变序列和累积形变量等参数，揭示研究区的形变演化过程具体包括：①序列基线估计模块，实现序列影像的时间基线、空间基线的计算与分布分析；②最优干涉组合模块，根据时空基线分布，实现干涉组合的最优解；③相干目标识别模块，基于振幅离差指数识别相干点；④相干目标差分模块，实现相干目标的干涉处理、地形相位计算与差分干涉处理；⑤时序分析模块，实现时空滤波、相干目标相位时序分析、形变时序分 5 析模型参数优化、形变信息生成等功能。

（4）形变制图与可视化模块。形变制图与可视化模块主要实现地表形变信息的制图与多类型可视化功能，具体包括：①地理编码模块，根据成像几何模型，将雷达坐标系下的形变信息转换到地理坐标系下；②形变图裁剪与拼接模块，实现形变目标区的提取、裁剪，实现多景形变影像的镶嵌、拼接；③矢量文件处理模块，实现矢量文件与栅格影像转换、矢量文件与文本书件转换、矢量文件与数据库格式转换功能；④形变着色与渲染模块，实现形变监测数据颜色表编辑与着色、形变场 3D 渲染、点目标 3D 形状显示等功能；⑤形变交叉可视化模块，实现形变数据与地理影像融合、形变数据在谷歌地球等通用 GIS 软件展示等功能。

3）子系统处理流程

结合上述各模块以及子模块的功能描述，区域沉降图制作子系统的处理流程可由图7.15 表示。

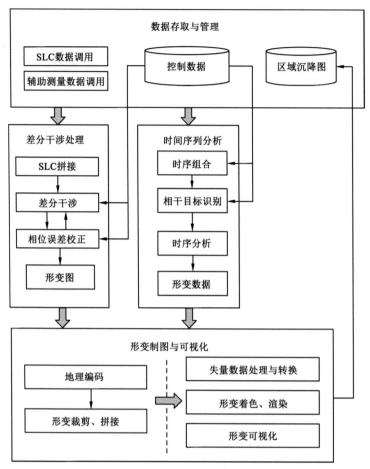

图 7.15　区域沉降图制作子系统处理流程

7.5　本章小结

研发的定标预处理系统已经应用于遥感 13A、高分三号等，大幅提升了卫星的几何辐射质量。

研发的处理分系统已经应用于遥感 13A、高分三号等高分 SAR 卫星区域处理。

参 考 文 献

蔡国林, 李永树, 刘国祥, 2009. 小波-维纳组合滤波算法及其在 InSAR 干涉图去噪中的应用. 遥感学报, 13(1): 129-136.

常亮, 2011. 基于 GPS 和美国环境预报中心观测信息的 InSAR 大气延迟改正方法研究. 测绘学报, 40(5): 669.

陈尔学, 2004. 星载合成孔径雷达影像正射校正方法研究. 北京: 中国林业科学研究院.

陈尔学, 李增元, 卢颖, 等, 2010. 三颗高分辨率星载 SAR 的定位模型构建及其定位精度评价. 遥感信息(2): 43-48.

谌华, 2006. CRInSAR 大气校正模型研究及其初步应用. 北京: 中国地震局地质研究所.

范洪冬, 邓喀中, 庞蕾, 等, 2012. 结合边缘信息的 DT-CWT 干涉图滤波算法. 武汉大学学报(信息科学版), 37(7): 810-813.

傅文学, 郭小方, 田庆久, 2008. 星载 SAR 距离-多普勒定位算法中地球模型的修正. 测绘学报, 37(1): 59-63.

巩萍, 潘冬明, 2005. 小波分析及其在图像处理中的应用. 长沙大学学报, 19(2): 52-54.

何儒云, 王耀南, 2006. 一种基于小波变换的 InSAR 干涉图滤波方法. 测绘学报, 35(2): 128-132.

黄国满, 郭建坤, 赵争, 等, 2004. SAR 影像多项式正射纠正方法与实验. 测绘科学, 29 (6): 27-30.

黄长军, 郭际明, 喻小东, 等, 2013. 干涉图 EMD-自适应滤波去噪法. 测绘学报, 42(5): 707-714.

姜山, 王国栋, 王化深, 2006. 三角形三面角反射器加工公差对其单站 RCS 影响研究. 航空兵器(4): 24-27.

蒋永华, 张过, 唐新明, 等, 2013. 资源三号测绘卫星三线阵影像高精度几何检校. 测绘学报, 42(4): 523-529.

靳国旺, 徐青, 秦志远, 2006. INSAR 干涉图的滤波方法. 系统仿真学报, 18(9): 2563-2565.

靳国旺, 韩晓丁, 贾博, 等, 2008. InSAR 干涉图的矢量分离式小波滤波. 武汉大学学报(信息科学版), 33(2): 132-135.

李广宇, 2010. 天球参考系变换及其应用. 北京: 科学出版社.

廖明生, 林珲, 张祖勋, 等, 2003. INSAR 干涉条纹图的复数空间自适应滤波. 遥感学报, 7(2): 98-105.

林卉, 赵长胜, 杜培军, 等, 2005. InSAR 干涉图滤波方法研究. 测绘学报, 34(2): 113-117.

刘宝泉, 冯大政, 武楠, 等, 2007. 基于点特征的干涉合成孔径雷达复图像自动配准算法. 航空学报, 28(1): 161-166.

刘楚斌, 2012. 高分辨率遥感卫星在轨几何定标关键技术研究. 郑州: 解放军信息工程大学.

刘佳音, 韩冰, 洪文, 2012. 一种新的 SAR 图像斜距多普勒定位模型的直接解法. 遥感技术与应用, 27(5): 716-721.

莫锦军, 袁乃昌, 1999. SAR 校准常用参考目标分析与比较. 无线电工程, 29(5): 10-16.

欧吉坤, 1998. GPS 测量的中性大气折射改正的研究. 测绘学报, 27(1): 31-36.

潘泉, 孟晋丽, 张磊, 等, 2007. 小波滤波方法及应用. 电子与信息学报, 29(1): 236-242.

潘红播, 张过, 唐新明, 等, 2013. 资源三号测绘卫星传感器校正产品几何模型. 测绘学报, 42(4): 516-52.

彭曙蓉, 王耀南, 刘国才, 2007. 基于边缘提取和改进型整体松弛匹配算法的 InSAR 复图像配准方法. 测绘学报, 36(1): 62-66.

石为人, 罗雪松, 胡宁, 2002. 基于小波多分辨率分析的信号消噪. 重庆大学学报(自然科学版), 25(6): 59-62.

唐智, 周荫清, 李景文, 2004a. InSAR 数据处理中基于相关系数的配准方法. 雷达科学与技术, 2(2): 108-114.

唐智, 周荫清, 李景文, 2004b. 干涉 SAR 图像的降噪方法分析. 宇航学报, 25(4): 416-422.

唐新明, 张过, 祝小勇, 等, 2012. 资源三号测绘卫星三线阵成像几何模型构建与精度初步验证. 测绘学报, 41(2): 191-198.

田忠明, 郭琨毅, 盛新庆, 2011. 角反射器表面粗糙度对单站 RCS 的影响. 北京理工大学学报, 31(10): 1227-1230.

汪鲁才, 王耀南, 毛建旭, 2003. 基于相关匹配和最大谱图像配准相结合的 InSAR 复图像配准方法. 测绘学报, 32(4): 320-324.

汪鲁才, 王耀南, 毛六平, 2005. 基于小波变换和中值滤波的 InSAR 干涉图像滤波方法. 测绘学报, 34(2): 108-112.

王睿, 2003. 星载合成孔径雷达系统设计与模拟软件研究. 北京:中国科学院研究生院.

魏钜杰, 张继贤, 黄国满, 等, 2009. TerraSAR-X 影像直接地理定位方法研究. 测绘通报(9): 11-14.

魏钜杰, 张继贤, 赵争, 等, 2011. 稀少控制下 TerraSAR-X 影像高精度直接定位方法. 测绘科学, 36(1): 58-60.

须海江, 2005. 星载合成孔径雷达图像目标定位研究. 北京:中国科学院研究生院.

杨杰, 2004. 星载 SAR 影像定位和从星载 InSAR 影像自动提取高程信息的研究. 武汉: 武汉大学.

杨成生, 侯建国, 季灵运, 等, 2008. InSAR 中人工角反射器方法的研究. 测绘工程, 17(4): 12-14.

易辉伟, 朱建军, 陈建群, 等, 2013. 一种改进的 InSAR 干涉图复数空间自适应滤波. 中南大学学报(自然科学版), 44(2): 632-641.

尹宏杰, 李志伟, 丁晓利, 等, 2009. InSAR 干涉图最优化方向融合滤波. 遥感学报, 13(6): 1092-1105.

喻小东, 郭际明, 黄长军, 等, 2013. 基于 SIFT 算法的 InSAR 影像配准方法试验研究. 遥感信息, 28(2): 66-69.

袁孝康, 1997. 星载合成孔径雷达的目标定位方法. 上海航天(6): 51-57.

袁孝康, 1998a. 星载合成孔径雷达的辐射校准. 上海航天(4): 13-19.

袁孝康, 1998b. 星载合成孔径雷达目标定位误差分析. 航天电子对抗(2): 13-18.

袁孝康, 2000. 星载遥感器对地面目标的定位. 上海航天(3): 1-8.

袁孝康, 2002. 星载合成孔径雷达目标定位研究. 上海航天(1): 1-7.

岳焕印, 郭华东, 王长林, 等, 2002. SAR 干涉图的静态小波域 MAP 法滤波. 遥感学报, 6(6): 456-463.

张登荣, 俞乐, 2007. 一种高精度的干涉雷达复数影像配准方法. 遥感学报, 11(4): 563-567.

张过, 2005. 缺少控制点的高分辨率卫星遥感影像几何纠正. 武汉: 武汉大学.

张过, 李德仁, 秦绪文, 等, 2008. 基于 RPC 模型的高分辨率 SAR 影像正射纠正. 遥感学报, 12(6): 942-948.

张过, 费文波, 李贞, 等, 2010a. 用 RPC 替代星载 SAR 严密成像几何模型的试验与分析. 测绘学报, 39(3): 264-270.

张过, 墙强, 祝小勇, 等, 2010b. 基于影像模拟的星载 SAR 影像正射纠正. 测绘学报, 39(6): 554-560.

张过, 李贞, 2011. 基于 RPC 的 TerraSAR-X 影像立体定向平差模型. 测绘科学, 36(6): 146-149.

张过, 李贞, 王霞, 等, 2012. 高分辨率 SAR 卫星标准产品分级体系研究. 北京: 测绘出版社.

张过, 郑玉芝, 2015. 高分辨率星载 SAR 数据产品分级研究. 遥感学报, 19(3): 409-430.

张婷, 张鹏飞, 曾琪明, 2010. SAR 定标角反射器的研究. 遥感信息(3): 38-42.

张庆君, 2017. 高分三号卫星总体设计与关键技术. 测绘学报, 46(3): 269-277.

张润宁, 姜秀鹏, 2014. 环境一号 C 卫星系统总体设计及其在轨验证. 雷达学报, 3(3): 249-255.

张永红, 2001. 合成孔径雷达成像几何机理分析与处理方法研究. 武汉: 武汉大学.

张永红, 林宗坚, 张继贤, 等, 2002. SAR 影像几何校正. 测绘学报, 31(2): 134-138.

赵俊娟, 尹京苑, 李成范, 2013. 基于 FEKO 平台的人工角反射器 RCS 模拟. 微电子学与计算机, 30(8): 79-81.

周晓, 2014. 合成孔径雷达外场定标实验方案与关键技术研究. 北京: 北京大学.

周晓, 曾琪明, 焦健, 等, 2014. 星载 SAR 传感器外场定标实验研究: 以 TerraSAR-X 卫星为例. 遥感技术与应用, 29(5):711-718.

周金萍, 唐伶俐, 李传荣, 2001. 星载 SAR 图像的两种实用化 R-D 定位模型及其精度比较. 遥感学报, 5(3): 191-197.

ABDELFATTAH R, BOUZID A, 2008. Sar interferogram filtering in the wavelet domain using a coherence map mask. Proceedings of the 15th IEEE International Conference on Image Processing (ICIP 2008), San Diego, CA, 1888-1891.

ABDELFATTAH R, NICOLAS J, 2006. Interferometric SAR coherence magnitude estimation using second kind statistics. IEEE Transaction on Geoscience and Remote Sensing, 44(7): 1942-1953.

ARIKAWA Y, SUZUKI S, 2014. First result from ALOS-2 operation. In Proceedings of the Earth Observing Missions and Sensors: Development, Implementation, and Characterization III, Beijing, China, 19 November 2014: 8691-8694.

BAMLER R, EINEDER M, 2005. Accuracy of differential shift estimation by correlation and split-bandwidth interferometry for wideband and delta-k SAR systems. IEEE Geoscience & Remote Sensing Letters, 2(2): 151-155.

BAMLER R, JUST D, 1993. Phase statistics and decorrelation in SAR interferograms. International Geoscience and Remote Sensing Symposium: Better Understanding of Earth Environment (IGARSS '93), Tokyo, Japan, 980-984.

BANIK B T, ADAMOVIC M, SRIVASTAVA S K, et al., 1999. Maintenance of Radiometric Calibration Performance of RADARSAT-1. Bakterialnye Bolezni Rastenii, 450: 531.

BARAN I, STEWART M P, KAMPES B M, et al., 2003. A modification to the Goldstein radar interferogram filter. IEEE Transactions on Geoscience & Remote Sensing, 41(9): 2114-2118.

BAST D C, CUMMING I G, 2014. RADARSAT ScanSAR roll angle estimation// Geoscience and Remote Sensing Symposium, 2002. IGARSS '02. 2002 IEEE International. IEEE (1): 152-154.

BO G, DELLEPIANE S, BENEVENTANO G, 1999. A locally adaptive approach for interferometric phase noise reduction. IEEE International Proceedings of Geoscience and Remote Sensing Symposium (IGARSS '99), Hamburg, Germany, 264-266.

BRAUTIGAM B, SCHWERDT M, BACHMANN M, et al., 2007. Results from geometric and radiometric calibration of TerraSAR-X. In Proceedings of the 2007 European Radar Conference, Munich, Germany, 10–12 October 2007: 87-90.

BUCCIGROSSI R, SIMONCELLI E, 2001. Image compression via joint statistical characterization in the wavelet domain. IEEE Transactions on Image Processing, 8(12): 1688-1701.

CAPALDO P, CRESPI M, FRATARCANGELI F, et al., 2012. A radar grammetric orientation model and a RPCs generation tool for COSMO-SkyMed and TerraSAR-X high resolution SAR. Italian Journal of Remote Sensing, 44(1): 55-67.

CONG X Y, BALSS U, EINEDER M, et al., 2012. Imaging geodesy-centimeter-level ranging accuracy with TerraSAR-X: an update. IEEE Geoscience and Remote Sensing Letters, 9(5): 948-952.

CURLANDER J C, 1982. Location of spaceborne SAR imagery. IEEE Transactions on Geoscience and Remote Sensing, GE-20(3): 359-364.

CURLANDER J C, MCDONOUGH R N, 1991. Synthetic Aperture Radar-Systems and Signal Processing, New York: John Wiley & Sons, Inc.

DAVIS J L, HERRING T A, SHAPIRO I I, et al., 1985 . Geodesy by radio interferometry: effects of atmospheric modeling errors on estimates of baseline length. Radio Science, 20(6): 1593-1607.

DRAGOŠEVIC M, DAVIDSON G, 2000. Roll angle measurement and compensation strategy for RADARSAT scanSAR. Clinical Infectious Diseases, 450(2): 545.

EFTEKHARI A, SAADATSERESHT M, MOTAGH M, 2013. A study on rational function model generation for TerraSAR-X imagery. Sensors, 13 (9): 12030-12043.

EINEDER M, MINET C, STEIGENBERGER P, et al., 2011. Imaging geodesy-toward centimeter-level ranging accuracy with TerraSAR-X. IEEE Transactions on Geoscience and Remote Sensing, 49(2): 661-671.

GOLDSTEIN R M, WERNER C L, 1998. Radar interferogram filtering for geophysical applications. Geophysical Research Letters, 25(21): 4035-4038.

HU X, WANG T, LIAO M, 2014. Measuring coseismic displacements with point-like targets offset tracking. IEEE Geoscience & Remote Sensing Letters, 11(1): 283-287.

JEHLE M, PERLER D, SMALL D, et al., 2008. Estimation of atmospheric path delays in TerraSAR-X data using models vs. measurements. sensors, 8(12): 8479-8491.

JIN M Y, 1996. Optimal range and Doppler centroid estimation for a ScanSAR system. IEEE Transactions on Geoscience & Remote Sensing, 34(2): 479-488.

LANARI R, FORNARO G, RICCIO D, et al., 1996. Generation of digital elevation models by using SIR-C/X-SAR multifrequency two-pass interferometry: the Etna case study. IEEE Transactions on Geoscience & Remote Sensing, 34(5): 1097-1114.

LEE J S, PAPATHANASSIOU K P, AINSWORTH T L, et al., 1998. A new technique for noise filtering of SAR interferometric phase images. IEEE Transactions on Geoscience & Remote Sensing, 36(5): 1456-1465.

LEE J S, GRUNES M R, POTTIER E, et al., 2004. Unsupervised terrain classification preserving polarimetric scattering characteristics. Geoscience & Remote Sensing IEEE Transactions on, 42(4): 722-731.

LI X, 2008. A scansar roll angle iterative estimation algorithm based on least square method. Journal of Electronics & Information Technology, 30(9): 2099-2102.

LI D R, ZHANG G, LIU X B, 2012. Application of the RPC model for spaceborne SAR image geometric processing，Geo-spatial Information Science (Quarterly) , 15(1): 3-9.

LI F K, HELD D N, CURLANDER J C, et al., 1985. Doppler parameter estimation for spaceborne synthetic-aperture radars. IEEE Transactions on Geoscience and Remote Sensing, GE-23(1): 47-56.

LI Z W, DING X L, HUANG C, et al., 2008. Improved filtering parameter determination for the Goldstein radar interferogram filter. Journal of Photogrammetry & Remote Sensing, 63(6): 621-634.

LÓPEZ-MARTÍNEZ C, FÀBREGAS X, 2002. Modeling and reduction of SAR interferometric phase noise in the wavelet domain.IEEE Transactions on Geoscience & Remote Sensing 40.12(): 2553-2566.

LUSCOMBE A, 2009. Image quality and calibration of RADARSAT-2// Geoscience and Remote Sensing Symposium,2009 IEEE International,IGARSS. IEEE: II-757-II-760.

MADSEN S N, PANG S S, 1991. Improved Geometric Calibration of the Sir-C Data// Geoscience and Remote Sensing Symposium, 1991. IGARSS '91. Remote Sensing: Global Monitoring for Earth Management. International. IEEE: 1405-1410.

MARINKOVIC P, HANSSEN R, 2004. "Advanced InSAR coregistration using point clusters." Geoscience and Remote Sensing Symposium, 2004. IGARSS '04. Proceedings. 2004 IEEE International IEEE: 489-492.

MASHALY A S, ABDELKAWY E E F, MAHMOUD T A, 2010. Speckle noise reduction in SAR images using adaptive morphological filter. IEEE International Conference on Intelligent Systems Design and Applications, Cairo, Egypt, 260-265.

MASSONNET D, VADON H, 1995. ERS-1 internal clock drift measured by interferometry. IEEE Transactions on Geoscience & Remote Sensing, 33(2): 401-408.

MOHR J J, MADSEN S N, 2001. Geometric calibration of ERS satellite SAR images. IEEE Transactions on Geoscience & Remote Sensing, 39(4):842-850.

MORA O, PÉREZ F, PALÀ V, 2003. Development of a multiple adjustment processor for generation of DEMs over large areas using SAR data. Proceedings of the 2003 IEEE Geoscience and Remote Sensing Symposium: 2326-2328.

NICOLAS J M, 2005. InSAR image co-registration using the Fourier-Mellin transform. International Journal of Remote Sensing, 26(13): 2865-2876.

NITTI D O, HANSSEN R F, REFICE A, et al., 2011. Impact of DEM-assisted coregistration on high-resolution SAR interferometry. IEEE Transactions on Geoscience & Remote Sensing, 49(3): 1127-1143.

OWENS J C, 1967. Optical refractive index of air: dependence on pressure, temperature and composition. Applied Optics, 6(1): 51.

PUYSSÉGUR B, MICHEL R, AVOUAC J P, 2007. Tropospheric phase delay in interferometric synthetic aperture radar estimated from meteorological model and multispectral imagery. Journal of Geophysical Research Atmospheres, 112(B5): 1-12.

SANSOSTI E, BERARDINO P, MANUNTA M, et al., 2006. Geometrical SAR image registration. IEEE Transactions on Geoscience & Remote Sensing, 44(0): 2861-2870.

SCHWERDT M, BRAUTIGAM B, BACHMANN M, et al., 2010. Final TerraSAR-X calibration results based on novel efficient methods. IEEE Transactions on Geoscience & Remote Sensing, 48(2): 677-689.

SCHWERDT M, SCHRANK D, BACHMANN M, et al., 2012. Calibration of the TerraSAR-X and the TanDEM-X satellite for the TerraSAR-X mission// European Conference on Synthetic Aperture Radar. VDE: 56-59.

SCHWERDT M, SCHMIDT K, TOUS RAMON N, et al., 2015. Independent verification of the Sentinel-1A system calibration. IEEE J. Sel. Top. Appl. Earth Obs. Remote Sens, 1097-1100.

SEKHAR K S S, KUMAR A S, DADHWAL V K, 2014. Geocoding RISAT-1 MRS images using bias-compensated RPC models. International Journal of Remote Sensing, 35(20): 7303-7315.

SERAFINO F, 2006. SAR image coregistration based on isolated point scatterers. IEEE Geoscience & Remote Sensing Letters, 3(3): 354-358.

SHIMADA M, 1996. Radiometric and geometric calibration of JERS-1 SAR. Advances in Space Research, 17(1): 79-88.

SHIMADA M, ISOGUCHI O, 2002. Jers-1 sar mosaics of southeast asia using calibrated path images. International Journal of Remote Sensing, 23(7):1507-1526.

SHIMADA M, ISOGUCHI O, TADONO T, et al., 2009. PALSAR radiometric and geometric calibration. IEEE Transactions on Geoscience & Remote Sensing, 47(12): 3915-3932.

SHIMADA M, OHTAKI T, 2010. Generating large-scale high-quality sar mosaic datasets: application to palsar data for global monitoring. IEEE Journal of Selected Topics in Applied Earth Observations & Remote Sensing,3(4): 637-656.

SMALL D, HOLECZ F, MEIER E, et al., 1997. Geometric and radiometric calibration of RADARSAT images. Images Proc of Geomatics in the Era of Radarsat: 24-30.

SMALL D, ROSICH B, MEIER E, et al., 2004. Geometric calibration and validation of ASAR imagery// Ceos

Sar Workshop.

SUN Q, LI Z W, ZHU J J, et al., 2013. Improved Goldstein filter for InSAR noise reduction based on local SNR// 全国青年岩土力学与工程会议暨青年华人岩土工程论坛: 1896-1903.

TOUTIN T, 2003. Path processing and block adjustment with RADARSAT-1 SAR images. IEEE Transactions on Geoscience and Remote Sensing, 41(10): 2320-2328.

TOUTIN T, 2004. Spatiotriangulation with multisensor VIR/SAR images. IEEE Transactions on Geoscience and Remote Sensing, 42 (10): 2096-2103.

USGS, 2013. Ldcm Cal/Val Algorithm Description Document (version 3.0).

WANG M, WANG Y L, RUN Y, et al., 2018. Geometric accuracy analysis for GaoFen3 stereo pair orientation. IEEE Geoscience and Remote Sensing Letters, 15(1): 92-96.

WANG T, LIAO M, PERISSIN D, 2010. InSAR coherence-decomposition analysis. IEEE Geoscience & Remote Sensing Letters, 7(1): 156-160.

WANG T, JONSSON S, 2012. A new InSAR coregistration strategy for geophysical applications. Geoscience and Remote Sensing Symposium, Munich, Germany, 3995-3998.

WANG T, JÓNSSON S, HANSSEN R F, 2014. Improved SAR image coregistration using pixel-offset series. IEEE Geoscience & Remote Sensing Letters, 11(9): 1465-1469.

WANG T Y, ZHANG G, YU L, et al., 2017. Multi-mode GF-3 satellite image geometric accuracy verification using the RPC model. Sensors. 17(9): 2005.

WANG T Y, ZHANG G, LI D R, et al., 2018. Planar block adjustment and orthorectification of Chinese spaceborne SAR YG-5 imagery based on RPC.International Journal of Remote Sensing, 39(3): 640-654.

WIVELL C E, STEINWAND D R, KELLY G G, et al., 1992. Evaluation of terrain models for the geocoding and terrain correction, of synthetic aperture radar (SAR) images. IEEE Transactions on Geoscience and Remote Sensing, 30(6): 1137-1144.

WU Y D, MING Y, 2013. Using RFM for simultaneous positioning of multi-sensor spaceborne sar imagery. The Photogrammetric Record, 28(143): 312-323.

ZHANG G, FEI W B, LI Z, et al., 2010a. Evaluation of the RPC model for spaceborne SAR imagery. Photogrammetric Engineering and Remote Sensing, 76(6): 727-733.

ZHANG J, WEI J, HUANG G, et al., 2010. Fusion of ascending and descending polarimetric SAR data for colour orthophoto generation// ISPRS TC VII Symposium – 100 Years ISPRS, Vol. XXXVIII, Part 7A: 323-328.

ZHANG G, FEI W B, LI Z, et al., 2011a. Evaluation of the RPC model as a replacement for the spaceborne InSAR phase equation. The Photogrammetric Record, 26(135): 325-338.

ZHANG G, LI Z, PAN H B, et al., 2011b. Orientation of spaceborne SAR stereo pairs employing the RPC adjustment model. IEEE Transactions on Geoscience and Remote Sensing, 49(7): 2782-2792.

ZHANG G, QIANG Q, LUO Y, et al., 2012. Application of RPC model in orthorectification of spaceborne SAR imagery. The Photogrammetric Record, 27(137): 94-110.